# Recyclingbaustoffe in Straßenbau, Tiefbau und Rückbau

Praxishinweise und technische Vorgaben an Ausbau, Aufbereitung und Einbau

Stand: Februar 2024

Dr. rer. nat. Michael Dohlen
M. SC. Thomas Fehn
Dipl. Wirtschaftsjurist André Fietkau
Dipl. Geograph Peter Kamrath
Dr. Bernhard Klink
Dipl. -Ing. Martin Meier
Daniel Rutte

**Bibliografische Information der Deutschen Bibliothek**
Die Deutsche Bibliothek verzeichnet diese Publikation in der Deutschen Nationalbibliografie; detaillierte bibliografische Daten sind im Internet über http://dnb.dnb.de abrufbar.

© **2024 by FORUM VERLAG HERKERT GMBH**
Mandichostraße 18
86504 Merching

Telefon: +49 (0)8233 381-123
Fax: +49 (0)8233 381-222
E-Mail: service@forum-verlag.com
Internet: www.forum-verlag.com

Dieses Verlagserzeugnis wurde nach bestem Wissen und nach dem aktuellen Stand von Recht, Wissenschaft und Technik zum Druckzeitpunkt erstellt. Der Verlag übernimmt keine Gewähr für Druckfehler und inhaltliche Fehler.

Alle Rechte vorbehalten. Das Werk einschließlich aller seiner Teile ist urheberrechtlich geschützt. Jede Nutzung in anderen als den gesetzlich zugelassenen Fällen bedarf der vorherigen schriftlichen Einwilligung des Verlags. Das gilt insbesondere für Vervielfältigungen, Übersetzungen, Mikroverfilmungen und die Einspeicherung in elektronischen Systemen.

Hinweis: Aus Gründen der besseren Lesbarkeit und Einfachheit wird in den folgenden Texten meist die männliche Form verwendet. Die verwendeten Bezeichnungen sind als geschlechtsneutral bzw. als Oberbegriffe zu interpretieren und gelten gleichermaßen für alle Geschlechter.

Titelfoto/-illustration: © Fotolia RAW – stock.adobe.com; © Björn Sebastian Ehlers – Panther Media GmbH
Satz: Reemers Publishing Services GmbH, 47799 Krefeld
Druck: Druckerei Marzorati e.K., 86343 Königsbrunn
Printed in Germany

ISBN: 978-3-96314-921-4
Grundwerk

## So sind Sie stets auf aktuellem Stand!

Bei der Bestellung Ihres Praxishandbuchs haben Sie sich auch für den Aktualisierungsservice dieses Werks entschieden. Zu Recht – denn so werden Sie automatisch über alle aktuellen Änderungen und neuen Entwicklungen informiert.

Wir empfehlen Ihnen, die gelieferte Aktualisierung entsprechend der Einsortieranleitung möglichst zeitnah einzuordnen. Nur so bleiben der hohe Praxisnutzen und die Aktualität Ihres Werks auf Dauer erhalten. Dieses Aktualisierungsprotokoll soll Ihnen dabei als Hilfestellung dienen.

| Akt.-Nr.: | Stand: | einsortiert am: | von: |
|---|---|---|---|
|  |  |  |  |
|  |  |  |  |
|  |  |  |  |
|  |  |  |  |
|  |  |  |  |
|  |  |  |  |
|  |  |  |  |
|  |  |  |  |
|  |  |  |  |
|  |  |  |  |
|  |  |  |  |
|  |  |  |  |
|  |  |  |  |
|  |  |  |  |

| Akt.-Nr.: | Stand: | einsortiert am: | von: |
|---|---|---|---|
| | | | |
| | | | |
| | | | |
| | | | |
| | | | |
| | | | |
| | | | |
| | | | |
| | | | |
| | | | |
| | | | |
| | | | |
| | | | |
| | | | |
| | | | |
| | | | |
| | | | |
| | | | |

Sollten Sie auf den Aktualisierungsservice irgendwann verzichten wollen, können Sie den Service völlig problemlos beenden: Eine Mitteilung genügt, und wir streichen Sie aus dem Verteiler.

# Vorwort

Ressourcenknappheit, hohe Transportkosten und eine Verknappung der Deponiekapazitäten – der Bausektor hat in den letzten Jahren mit erheblichen Problemen zu kämpfen. Hinzu kommt, dass eine nachhaltige Nutzung von Baumaterialien und dadurch das Schonen von Primärressourcen für das Erreichen der nationalen Klimaziele unumgänglich sind.

2020 sind ca. 220,6 Mio. t mineralische Bauabfälle angefallen. Davon konnten beinahe 90 % umweltverträglich verwertet werden. Ein Großteil der recycelten Baustoffe kommt aus dem Straßen- und Tiefbau und wird hier auch wieder eingebaut. So werden inzwischen über 13 % des Bedarfs an mineralischen Gesteinskörnungen durch Recyclingbaustoffe gedeckt. Das Recycling von Baumaterialien trägt also bereits jetzt dazu, bei einer Verknappung der Ressourcen entgegenzuwirken.

Die seit dem 01.08.2023 wirkende „Verordnung über Anforderungen an den Einbau von mineralischen Ersatzbaustoffen in technische Bauwerke", kurz die Ersatzbaustoffverordnung (EBV oder ErsatzbaustoffV), soll die Akzeptanz und die Verwendung von mineralischen Baustoffen in technischen Bauwerken erleichtern und so auch steigern. Sie definiert Kriterien für die Einstufung von Abfällen und Nebenprodukten als mineralische Ersatzbaustoffe und legt Anforderungen an die Qualität und Klassen dieser Materialien fest.

Das vorliegende Handbuch gibt Architekten und Ingenieuren aus dem Straßen- und Tiefbau Fachinformationen, welche Voraussetzungen vor dem Einbau von Ersatzbaustoffen im Straßenbau geschaffen werden müssen, welche Eigenschaften diese Baustoffe haben müssen und wie die EBV hier anzuwenden ist.

Es informiert Fachplaner und Rückbauspezialisten, wie der sachgemäße Ausbau und die fachgerechte Aufbereitung von Recyclingbaustoffen gelingt und welche Pflichten Inverkehrbringer von Ersatzbaustoffen nach der neuen Verordnung haben.

Zahlreiche Tipps unserer Experten zur Wiederverwendung und Entsorgung von Aushubmaterial und Straßenaufbruch und realisierte Beispiele aus der Praxis erleichtern ein nachhaltiges Recyceln und Umsetzen der neuen Regelungen. Erläuterungen zu den geltenden Qualitätskriterien und Zertifizierungssystemen von Recyclingbaustoffen zeigen, wie diese Qualitätsstandards von Primärprodukten erreichen.

Durch die regelmäßigen Aktualisierungen bleiben Sie auf dem aktuellen Stand der Technik sowie der aktuellen Gesetzgebung und können so individuell auf Ihr Projekt abgestimmte Anpassungsmaßnahmen erfolgreich umsetzen.

Hinweise und Anregungen zur Ergänzung des Inhalts werden gern entgegengenommen.

Merching, im Februar 2024

1

# 1 Verzeichnisse

**Inhaltsverzeichnis**

1.1 Gesamtinhaltsverzeichnis

1.2 Autorenverzeichnis

1.3 Stichwortverzeichnis

1.4 Onlinezugang

1.5 Downloadverzeichnis

1.6 Allgemeine Geschäfts- und Widerrufsbedingungen

Verzeichnisse

## 1.1 Gesamtinhaltsverzeichnis

| | |
|---|---|
| **1** | **Verzeichnisse** |
| 1.1 | Gesamtinhaltsverzeichnis |
| 1.2 | Autorenverzeichnis |
| 1.3 | Stichwortverzeichnis |
| 1.4 | Onlinezugang |
| 1.5 | Downloadverzeichnis |
| 1.6 | Allgemeine Geschäfts- und Widerrufsbedingungen |
| | |
| **2** | **Rechtliche Grundlagen für Recyclingbaustoffe** |
| 2.1 | Mantelverordnung |
| 2.2 | Ersatzbaustoffverordnung |
| 2.2.1 | Die wichtigsten Begriffe der Ersatzbaustoffverordnung |
| 2.2.2 | Annahme mineralischer Abfälle und Annahmekontrolle |
| 2.2.3 | Herstellung mineralischer Ersatzbaustoffe und Güteüberwachung |
| 2.2.4 | Probenahme und Probenaufbereitung |
| 2.2.5 | Bewertung der Untersuchungsergebnisse der Güteüberwachung |
| 2.2.6 | Einbauweisen und Einsatzmöglichkeiten |
| 2.2.7 | Zusätzliche Anforderungen an den Einbau bestimmter mineralischer Ersatzbaustoffe |
| 2.2.8 | Behördliche Entscheidungen |
| 2.2.9 | Anzeige- und Mitteilungspflichten zum Einbau und Rückbau mineralischer Ersatzbaustoffe |
| 2.2.10 | Getrennte Sammlung und Verwertung von mineralischen Abfällen aus technischen Bauwerken |
| 2.2.11 | Lieferschein, Deckblatt und Dokumentation |
| 2.2.12 | Abfallende |
| 2.3 | TL Gestein-StB |
| 2.3.1 | Allgemeines |
| 2.3.2 | Definitionen |
| 2.3.3 | Zusammensetzung |
| 2.3.4 | Anforderungen |

| | |
|---|---|
| 2.3.5 | Bewertung und Überprüfung der Leistungsbeständigkeit |
| 2.4 | Einsatz in ungebundenen Bauweisen |
| 2.4.1 | TL SoB-StB und TL G SoB-StB |
| 2.4.2 | TL Pflaster-StB |
| 2.4.3 | TL Gab-StB |
| 2.4.4 | TL BuB E-StB |
| 2.5 | Einsatz in gebundenen Bauweisen |
| 2.5.1 | TL Beton-StB |
| 2.5.2 | TL Asphalt-StB |
| | |
| **3** | **Ausbau und Aufbereitung von Baustoffen** |
| 3.1 | Rückbau |
| 3.1.1 | Historischer Kontext und Grundlagen |
| 3.1.2 | Entkernung und Sanierung |
| 3.1.3 | Auswirkungen der EBV – Rückkopplung zwischen Entkernung, Sanierung, Rückbau und WPK, Risiken |
| 3.2 | Erd- und Tiefbau |
| 3.2.1 | Separation von Böden |
| 3.2.2 | Beton, Mischschutt und Boden-Bauschutt-Gemische |
| 3.2.3 | Asphalt |
| 3.2.4 | Gleisschotter |
| 3.3 | Aufbereitungstechnik |
| 3.3.1 | Brechanlagen |
| 3.3.2 | Siebanlagen |
| | |
| **4** | **Qualitätssicherung und Zertifizierung von Sekundärbaustoffen** |
| 4.1 | Eignungsnachweis (EgN) |
| 4.1.1 | Erstprüfung |
| 4.1.2 | Betriebsbeurteilung |
| 4.1.3 | Bewertung |
| 4.1.4 | Dokumentation und Aktualisierung |
| 4.2 | Fremdüberwachung (FÜ) |
| 4.2.1 | Ablauf |
| 4.2.2 | Häufigkeit |
| 4.2.3 | Dokumentation |

| | |
|---|---|
| 4.3 | Werkseigene Produktionskontrolle (WPK) |
| 4.3.1 | Ablauf |
| 4.3.2 | Häufigkeit |
| 4.3.3 | Haldenproduktion |
| 4.3.4 | Dokumentation und Bewertung |
| 4.4 | Mängelbehebung |
| 4.4.1 | Mängel im Eignungsnachweis |
| 4.4.2 | Mängel in der Fremdüberwachung |
| 4.4.3 | Mängel in der werkseigenen Produktionskontrolle |
| 4.5 | Zertifizierung und Güteüberwachung |
| | |
| **5** | **Verwendung von Recyclingbaustoffen** |
| 5.1 | RC-Baustoffe für die Verwendung im Straßen- und Erdbau |
| 5.1.1 | Straßenbau |
| 5.1.2 | RC-Baustoffe für die Verwendung in spezifischen Bahnbauweisen |
| 5.1.3 | Wege- und Erdbau inkl. Deponiebau |
| 5.1.4 | Land- und forstwirtschaftlicher Wegebau |
| 5.1.5 | Zufahrtswege für Windkraftanlagen |
| 5.1.6 | Parkplätze, Stellflächen, Rad- und Gehwege |
| 5.1.7 | Weitere Erdbaumaßnahmen |
| 5.2 | RC-Baustoffe für die Verwendung als Gesteinskörnung im Betonbau |
| 5.3 | Weitere Verwendungsmöglichkeiten für RC-Baustoffe |
| 5.3.1 | Vegetationstechnik |
| 5.3.2 | Bauprodukte |
| 5.3.3 | Gabionenfüllmaterial |
| 5.4 | Rückbau und Wiederverwendung |
| | |
| **6** | **Best Practice Beispiele** |
| 6.1 | Aufbereitung |
| 6.1.1 | Forschungsprojekt „Inno-Teer" |
| 6.2 | Recycling und Einbau |
| 6.2.1 | Kaltrecycling mit Schaumbitumen |

# 1.1

Gesamtinhaltsverzeichnis

## 1.2 Autorenverzeichnis

**Michael Dohlen, Dr. rer. nat.**

Michael Dohlen hat ein Studium der Geowissenschaften an der Ruhr-Universität Bochum mit Diplom absolviert und im Anschluss zum Dr. rer. nat. promoviert.

Nach seiner Hochschulkarriere und Tätigkeit als Gutachter im Bereich Bodenschutz arbeitete Herr Dohlen als Wissenschaftlicher Mitarbeiter am FEhS-Institut für Baustoff-Forschung in Duisburg. Später wechselte er zu thyssenkrupp MillServices & Systems, dem größten Aufbereiter von industriellen Nebenprodukten aus der Stahlindustrie in Deutschland, wo er die Forschung und Entwicklung seit mehreren Jahren leitet und zahlreiche Forschungsprojekte zum Thema Ersatzbaustoffe begleitet hat. Außerdem ist er öffentlich bestellter und vereidigter Sachverständiger für den Einsatz von mineralischen Sekundärbaustoffen (Ersatzbaustoffen) im Verkehrswegebau und Fachexperte sowie Begutachter im Fachbereich Bauprodukte, Bauwesen, Brandschutz und Bergbau der Deutschen Akkreditierungsstelle.

Der Schwerpunkt seiner praktischen Tätigkeit ist die Entwicklung ressourcen- und klimaschonender Baustoffe aus zirkulären Rohstoffen.

Darüber hinaus ist Herr Dohlen in zahlreichen Verbänden und Arbeitsgruppen deutschlandweit aktiv und mit Veröffentlichungen und Vorträgen zum Thema Kreislaufwirtschaft im Baubereich beschäftigt.

### Thomas Fehn, M. Sc.

Thomas Fehn hat nach einem Bachelorstudium zum Thema Verfahrenstechnik an der TH Nürnberg 2018 erfolgreich den Master of Science in Engineering Sciences – chemical and process engineering – gemacht. Derzeit promoviert er an der Universität Ulm. Seit 2022 hat er daneben noch die Gruppenleitung Recyclingtechnologien am Fraunhofer-Institut für Umwelt Sicherheit und Energietechnik (UMSICHT) inne. Seine Arbeitsschwerpunkte beinhalten u. a. die Bereiche chemisches Recycling, Pyrolyseprozesse, Aufbereitung von Kunststoffen und Dekontamination von Mineralik.

### André Fietkau, Dipl.-Wirtschaftsjurist

Dipl.-Wirtschaftsjurist André Fietkau leitet seit 2017 den Geschäftsbereich Umwelt und Verwaltungsrecht im Bayerischen Industrieverband Baustoffe, Steine und Erden e. V. (BIV). Die Verwertung mineralischer Abfälle, von der Wiederaufbereitung bis zur Verfüllung, bildet den Schwerpunkt seiner täglichen Arbeit. Für den BIV hat er sich intensiv für die Länderöffnungsklausel in der neu gefassten Bundes-Bodenschutz und -Altlastenverordnung engagiert. Als ausgewiesener Experte stellt er die bayerischen Besonderheiten bei der Verfüllung von Gruben, Brüchen und Tagebauen regelmäßig auf Fachtagungen in ganz Deutschland vor.

## Peter Kamrath, Dipl.-Geograph

Peter Kamrath entstammt einer seit drei Generationen im Abbruch tätigen Unternehmerfamilie und studierte an der Rheinischen Friedrich-Wilhelms-Universität Bonn Geographie, Geologie und Bodenkunde und beschäftigte sich schon als Werkstudent mit den Themen Rückbau und Gebäudeschadstoffe. Nach einer Station in einem Ingenieurbüro als Gebäudeschadstoffgutachter in München kehrte er mit einem Wechsel auf die ausführende Seite als Abbruchbau- und RC-Anlagenleiter, in der er eine der ersten RC-Splittproduktionen zwischen Köln und Koblenz aufbaute, ins Rheinland zurück.

2020 wechselte Peter Kamrath als Projektleiter Umweltmanagement zur im Firmenverband um die WAR Abbruch GmbH frisch gegründete Recon Baumanagement GmbH&Co.KG. Hier unterstützt und berät er Firmengruppen, interne wie auch externe Kunden rund um die Themen Gebäudeschadstoffe, Umweltmanagement, Recycling & Entsorgung, Nachtragsmanagement und Bauabrechnung. Seit September 2022 ist Peter Kamrath ehrenamtlich im Fachausschuss Recycling und Entsorgung des Deutschen Abbruchverbandes tätig.

### Bernhard Kling, Dr.-Ing.

Dr. Bernhard Kling ist Geschäftsführer des Bayerischen Industrieverbandes Baustoffe, Steine und Erden e. V. (BIV). Der 1960 geborene Duisburger ist studierter Bergbauingenieur und hat 1994 nach seinem Studium an der Technischen Universität Clausthal zum Thema „Untersuchungen zur Betriebsgrößenoptimierung im Bergbau" promoviert. Seit 2007 gehört er, nach Stationen in anderen Verbänden und Unternehmen der Steine-Erden-Industrie, jeweils in führenden Positionen zum Kernteam des BIV, seit 2016 als dessen alleiniger Geschäftsführer. Seit dieser Zeit arbeitet Dr. Kling auch in verschiedenen Gremien der FGSV und des Normenausschusses Bau des DIN mit. Seit 30 Jahren ist Dr. Bernhard Kling nebenamtlich als Dozent für Baustoffthemen u. a. an der Bayerischen Bauakademie in Feuchtwangen tätig.

### Martin Meier, Dipl.-Ing.

Martin Meier ist Dipl.-Ingenieur der Verfahrenstechnik und seit 1993 beim Freistaat Bayern im Bereich der Umweltverwaltung tätig. Nach seinen Stationen bei der Regierung von Oberbayern in der Anlagenüberwachung und fachlichen Beratung der Umweltschutzingenieure wechselte er 2000 als Grundsatzreferent für Abfallwirtschaft zum Bayerischen Landesamt für Umweltschutz. Einen Schwerpunkt seiner Arbeiten bildete die Entsorgung mineralischer Abfälle sowie die Mitarbeit in den einschlägigen Bund-Länder-Arbeitsgruppen.

2004 folgt der Ruf an das Bayerische Staatsministerium für Umwelt, Gesundheit und Verbraucherschutz in die Abteilung Abfallwirtschaft, Referat für Integrierte Produktpolitik und Stoffstrommanagement. Die Schwerpunkte seiner Arbeiten bildeten Fachfragen zur Entsorgung gefährlicher Abfälle sowie die Erarbeitung von Konzepten zur Schadstoffentfrachtung dieser Abfälle.

2011 wechselte er als Referatsleiter an das Bayerische Landesamt für Umwelt in das Referat für Anlagenüberwachung. Ab 2015 leitete er die Abteilung Kreislaufwirtschaft und ab 2022 die Abteilung Umweltinformation am Bayerischen Landesamt für Umwelt.

**Daniel Rutte**

Daniel Rutte ist Jahrgang 1976, verheiratet und lebt in München. In über zehn Jahren Tätigkeit für verschiedene Recyclingverbände sammelte er Erfahrungen im Umgang mit mineralischen Ersatzbaustoffen.

Seit 2020 berät er die Zeichennutzer der QUBA Qualitätssicherung Sekundärbaustoffe GmbH bei der Durchführung der Gütesicherung. Er arbeitet an der Weiterentwicklung des QUBA Online-Dokumentations- und Workflow-Management-Systems und hält Seminare und Vorträge zum Thema MEBs.

## 1.2 Autorenverzeichnis

# 1.3 Stichwortverzeichnis

**A**
| | | |
|---|---|---|
| Annahmekontrolle | 2.2.2 | S. 11 |
| Asphalt | 3.2.3 | S. 9 |
| Aufbereitung | 3 | S. 1 |
| Aufbereitungsanlage | 2.2.1 | S. 2 |
| Aufbereitungstechnik | 3.3 | S. 1 |
| Ausbau | 3 | S. 1 |

**B**
| | | |
|---|---|---|
| Backenbrecher | 3.3.1.1 | S. 5 |
| Baggergut | 2.2.1 | S. 5 |
| Bahnbau | 5.1.2 | S. 12 |
| Betonbau | 5.2 | S. 1 |
| Boden-Bauschuttgemische | 3.2.2.3 | S. 7 |
| Bodenmaterial | 2.2.1 | S. 5 |
| Braunkohlenflugasche | 2.2.1 | S. 8 |

**D**
| | | |
|---|---|---|
| Deponiebau | 5.1.3 | S. 13 |

**E**
| | | |
|---|---|---|
| Eignungsnachweis | 2.2.3 | S. 14 |
| | 4.1 | S. 1 |
| Einbauweisen | 2.2.6 | S. 22 |
| Ersatzbaustoffkataster | 2.2.9 | S. 35 |

**F**
| | | |
|---|---|---|
| Fremdstoffe | 3.1.2.2 | S. 14, 26 |
| Fremdüberwachung | 2.2.3 | S. 16 |
| | 4.2 | S. 1 |

**G**
| | | |
|---|---|---|
| gebundenen Bauweisen | 2.5 | S. 1 |
| Gemisch | 2.2.1 | S. 2 |
| Gießerei-Kupolofenschlacke | 2.2.1 | S. 8 |
| Gießereirestsand | 2.2.1 | S. 8 |
| Gleisschotter | 2.2.1 | S. 9 |
| | 3.2.4 | S. 11 |
| Güteüberwachung | 2.2.3 | S. 13 |
| Güteüberwachungsgemeinschaften | 4.5 | S. 2 |

**H**
| | | |
|---|---|---|
| Hausmüllverbrennungsasche | 2.2.1 | S. 9 |
| Hochofenschlacke | 2.2.1 | S. 7 |
| höchster zu erwartender Grundwasserstand | 2.2.6 | S. 27 |
| Hüttensand | 2.2.1 | S. 7 |

**K**
| | | |
|---|---|---|
| Kaltrecycling | 6.2.1 | S. 1 |
| Kupferhüttenmaterial | 2.2.1 | S. 7 |

**L**
| | | |
|---|---|---|
| Land- und forstwirtschaftlicher Wegebau | 5.1.4 | S. 18 |

**M**
| | | |
|---|---|---|
| Mantelverordnung | 2.1 | S. 1 |
| Materialklasse | 2.2.1 | S. 5 |
| Materialwert | 2.2.1 | S. 10 |
| Mineralischer Ersatzbaustoff | 2.2.1 | S. 2 |
| Mobile Aufbereitungsanlage | 2.2.1 | S. 3 |

**P**
| | | |
|---|---|---|
| Prallbrecher | 3.3.1.2 | S. 8 |

**Q**
| | | |
|---|---|---|
| Qualitätssicherung | 4 | S. 1 |

**R**
| | | |
|---|---|---|
| Recyclingbaustoff | 2.2.1 | S. 9 |
| | 5 | S. 7 |
| rezyklierte Gesteinskörnungen | 2.3.5 | S. 11 |

**S**
| | | |
|---|---|---|
| Schaumbitumen | 6.2.1 | S. 1 |

## Stichwortverzeichnis

| | | |
|---|---|---|
| Schmelzkammergranulat ..... 2.2.1 | S. 8 | |
| Siebanlagen ........................... 3.3.2 | S. 11 | |
| Stahlwerksschlacke ............... 2.2.1 | S. 7 | |
| Steinkohlenflugasche .......... 2.2.1 | S. 8 | |
| Steinkohlenkesselasche ...... 2.2.1 | S. 8 | |
| Störstoffe ............................... 3.1.2.2 | S. 14, 26 | |
| Straßenbau ........................... 5.1 | S. 1 | |

**T**

| | |
|---|---|
| Technisches Bauwerk .......... 2.2.1 | S. 4 |
| TL Beton-StB ........................ 2.5.1 | S. 1 |
| TL BuB E-StB ....................... 2.4.4 | S. 8 |
| TL G SoB-StB ....................... 2.4.1 | S. 1 |
| TL Gab-StB .......................... 2.4.3 | S. 6 |
| TL Gestein-StB ..................... 2.3 | S. 1 |
| TL Pflaster-StB ..................... 2.4.2 | S. 5 |
| TL SoB-StB ........................... 2.4.1 | S. 1 |

**V**

Vorbereitung
– auf der Baustelle ............ 3.1.2.1     S. 7, 19

**W**

| | |
|---|---|
| Wege- und Erdbau ............... 5.1.3 | S. 13 |
| Werkseigene Produktionskontrolle ............................. 2.2.3  4.3 | S. 16  S. 1 |

**Z**

| | |
|---|---|
| Ziegelmaterial ...................... 2.2.1 | S. 9 |
| Zwischenlager ...................... 2.2.10 | S. 38 |

## 1.4 Onlinezugang

Mit dieser Publikation erhalten Sie in der Premium- und Online-Ausgabe einen Onlinezugang auf unsere Publishing-Plattform FORUM Desk. Dort haben Sie Zugriff auf die digitale Ausgabe Ihres kompletten Handbuchs sowie Arbeitshilfen und editierbare Vorlagen zum Download.

**Ihre Vorteile:**

- Das komplette Handbuch digital und überall verfügbar
- Zeitsparende Volltextsuche, wenn es schnell gehen muss
- Vollverlinkte Inhalte und Verweise
- Vielfältige Bearbeitungs- und Kommentierungsfunktionen
- Einsatzfertige Vorlagen zum Download
- Automatische Aktualisierung der Inhalte

**So richten Sie sich Ihren Zugang ein:**

Vergeben Sie sich Ihre persönlichen Zugangsdaten, indem Sie sich auf FORUM Desk einmalig registrieren (Schritt 1), sich anmelden (Schritt 2) und Ihr Produkt einmalig aktivieren (Schritt 3).

**Schritt 1: Registrieren**

Wenn Sie bislang noch keinen bestehenden Zugang für FORUM Desk haben, vergeben Sie sich bitte zunächst Ihre Zugangsdaten, indem Sie sich einmalig für FORUM Desk registrieren.

1. Rufen Sie folgende Adresse in Ihrem Web-Browser auf:
   www.desk.forum-verlag.com/registrierung

2. Tragen Sie Ihre E-Mail-Adresse ein und vergeben Sie sich ein Passwort. Klicken Sie anschließend auf „Registrieren". Sie erhalten nun eine Bestätigungsmail an die angegebene E-Mail-Adresse.

3. Klicken Sie in dieser Bestätigungsmail auf den Bestätigungslink, um Ihre E-Mail-Adresse zu bestätigen. Prüfen Sie ggf. auch Ihren Spam-Ordner.

Sie sind jetzt erfolgreich registriert.

**Schritt 2: Anmelden**

Melden Sie sich mit Ihren Zugangsdaten auf FORUM Desk an.

1. Rufen Sie folgende Adresse in Ihrem Web-Browser auf:
www.desk.forum-verlag.com/anmeldung

2. Geben Sie Ihre Zugangsdaten ein und klicken Sie auf „Anmelden".

Sie sind nun erfolgreich angemeldet.

**Schritt 3: Produkt aktivieren**

Nach erfolgreicher Anmeldung ist nur noch eine einmalige Aktivierung der Inhalte notwendig.

1. Rufen Sie folgende Adresse in Ihrem Web-Browser auf:
www.desk.forum-verlag.com/aktivierung

2. Geben Sie Ihren Aktivierungscode ein, den Sie bereits nach Ihrer Bestellung von uns per E-Mail an die bei Ihrer Bestellung angegebene E-Mail-Adresse erhalten haben. Prüfen Sie ggf. auch Ihren Spam-Ordner.

3. Klicken Sie auf „Aktivieren"[1].

---

[1] Mit Aktivierung des Produkts akzeptieren Sie die abgedruckten Lizenzbedingungen (siehe Kap. „Lizenzbedingungen").

Ihre Inhalte sind jetzt erfolgreich freigeschaltet.

## Öffnen der Publikation

Um auf Ihre digitalen Inhalte zuzugreifen, reicht es zukünftig aus, wenn Sie sich in FORUM Desk mit Ihren bestehenden Zugangsdaten anmelden und auf das Cover Ihrer Publikation in der Bibliothek klicken.

## Arbeiten mit der Publikation

Das Navigieren und Arbeiten innerhalb der Publikation ist denkbar einfach. Nachdem Sie Ihre Publikation mit Klick auf das Cover geöffnet haben, stehen Ihnen mehrere Navigations- und Bearbeitungsmöglichkeiten zur Verfügung.

Eine Übersicht und Beschreibung aller Funktionen von FORUM Desk sowie die Bearbeitungsmöglichkeiten finden Sie in unserer Schnellstart-Hilfe unter:

www.desk.forum-verlag.com/hilfe

## Sie benötigen Hilfe?

Unser Kundenservice hilft Ihnen gerne weiter:
Tel.: 08233 381-112
E-Mail: service@forum-verlag.com

# 1.4 Onlinezugang

## 1.5 Downloadverzeichnis

Mit dieser Publikation erhalten Sie in der Premium- und Online-Ausgabe Zugriff auf zusätzliche Arbeitshilfen und downloadbare Vorlagen in unserer Publishing-Plattform FORUM Desk unter: www.desk.forum-verlag.com.

Sollten Sie sich noch keine Zugangsdaten für FORUM Desk vergeben haben, müssen Sie sich hierfür zunächst einmalig auf FORUM Desk registrieren und Ihr Produkt freischalten (siehe Kap. 1.4 „Onlinezugang").

So einfach gelangen Sie zu Ihren digitalen Arbeitshilfen und Vorlagen:

1. Rufen Sie nachfolgende Adresse in Ihrem Web-Browser auf und melden Sie sich mit Ihren Zugangsdaten in FORUM Desk an:
www.desk.forum-verlag.com/anmeldung

2. Klicken Sie nach der Anmeldung auf das Cover Ihrer Publikation in der Bibliothek.
Es öffnet sich die Leseansicht Ihrer Publikation.

3. Klicken Sie in der Leseansicht Ihrer Publikation auf das Symbol für die Medienbibliothek in der rechten Sidebar, um zu allen Arbeitshilfen und Vorlagen zu gelangen.

Eine Übersicht und Beschreibung aller Funktionen von FORUM Desk sowie die Bearbeitungsmöglichkeiten finden Sie in unserer Schnellstart-Hilfe unter:

www.desk.forum-verlag.com/hilfe

**Sie benötigen Hilfe?**

Unser Kundenservice hilft Ihnen gerne weiter:
Tel.: 08233 381-112
E-Mail: service@forum-verlag.com

## 1.5 Downloadverzeichnis

### Rechtliche Grundlagen für RC-Baustoffe

- Ersatzbaustoffverordnung
- Änderungen der Ersatzbaustoffverordnung von 07/2023
- Fragen und Antworten zur Ersatzbaustoffverordnung
- LAGA PN 98
- KrWG
- BBodSchV
- Anhang 10 MVV TB ABuG
- DüngG
- DüMV
- DepV
- EU-Bauproduktenverordnung

### Arbeitshilfen

#### Ausbau und Aufbereitung von Baustoffen

- Umgang mit Bodenmaterial
- Checkliste Arbeitsschritte beim Umgang mit Bodenmaterial
- Bodenaushub – Verwertung in technischen Bauwerken

## Qualitätssicherung und Zertifizierung

- RAL
  - Prüfkatalog für die Fremdüberwachung
  - Hinweise zum Ausfüllen der Prüfprotokolle
  - Zusammenfassung Prüfkatalog
- QUBA
  - Richtlinie für die Qualitätssicherung von mineralischen Sekundärbaustoffen
  - Checkliste Zertifizierung nach QUBA
  - Überwachungsbericht
  - Prüfauftrag zur Fremdüberwachung
  - Sortenverzeichnis mineralische Sekundärbaustoffe
  - Verzeichnis der Ausgangsstoffe

## Verwendung von Recyclingbaustoffen

- Voranzeige/Abschlussanzeige Ersatzbaustoffverordnung
- Lieferschein Ersatzbaustoffverordnung
- Einsatz von mineralischen Recyclingbaustoffen im Hoch- und Tiefbau
- Tabelle Recyclingbaustoffe Verwendung im Straßenoberbau
- Tabelle Recyclingbaustoffe Verwendung im Erdbau

# 1.5
## Downloadverzeichnis

## 1.6 Allgemeine Geschäfts- und Widerrufsbedingungen

Es gelten die Allgemeinen Geschäfts- und Widerrufsbedingungen des Verlags unter www.forum-verlag.com/agb.

| | |
|---|---|
| Teil 1: | Allgemeine Bedingungen |
| Teil 2: | Zusätzliche Bedingungen für den Kauf von Fachmedien (als Print- oder Digitale Ausgabe) |
| Teil 3: | Zusätzliche Bedingungen für den Kauf von Software |
| Teil 4: | Zusätzliche Bedingungen für die Nutzung digitaler Inhalte und Funktionen auf Online-Datenbanken, Onlineportalen und webbasierten Anwendungen |
| Teil 5: | Zusätzliche Bedingungen für Abonnementverträge |
| Teil 6: | Zusätzliche Bedingungen für Seminare, Veranstaltungen und Lehrgänge |
| Teil 7: | Allgemeine Teilnahmebedingungen für Gewinnspiele |
| Teil 8: | Widerrufsbelehrungen und Musterwiderrufsformular für Verbraucher |

### Teil 1: Allgemeine Bedingungen (Auszug)

1. Geltungsbereich

1.1. Für alle Bestellungen sowie die Geschäftsbeziehung zum Erwerb von Waren (z. B. Printwerke, Software), der Erbringung von Diensten und der Nutzung digitaler Inhalte (z. B. Zugriff auf Online-Datenbanken, Onlineportale und webbasierte Anwendungen) sowie zur Teilnahme an Seminaren, Schulungen und Gewinnspielen, gelten allein die nachfolgenden Allgemeinen Geschäftsbedingungen des Anbieters/ Vertragspartners/ Lizenzgebers in ihrer zum Zeitpunkt der Abgabe ihrer Bestellung gültigen Fassung.

1.2. Für einzelne Produkte und Vertragsverhältnisse gelten die Zusätzlichen Bedingungen nach Teil 2 bis 7, welche die Allgemeinen Bedingungen des Teil 1 ergänzen.

1.3. Soweit Angaben in unseren Produktbeschreibungen, im Bestellvorgang oder unserem individuellen Angebot von Regelungen dieser Allgemeinen Geschäftsbedingungen abweichen, sind diese Angaben vorrangig.

1.4. Abweichende, entgegenstehende oder ergänzende Allgemeine Geschäftsbedingungen des Bestellers werden nicht Vertragsbestandteil, es sei denn, der Anbieter stimmt deren Geltung ausdrücklich zu.

1.5. Werden im Rahmen des Internetangebots Vertragsleistungen ersichtlich durch Kooperationspartner oder Dritte erbracht, gelten vorrangig deren jeweiligen Allgemeinen Vertragsbedingungen.

1.6. Das Regelwerk des Deutschen Buchhandels e.V. findet keine Anwendung.

2. Vertragspartner, Kundendienst

2.1. Soweit in der Produktbeschreibung, dem Bestellvorgang oder unserem individuellen Angebot nicht ausdrücklich anders angegeben ist Anbieter/ Lizenzgeber und Vertragspartner die

FORUM VERLAG HERKERT GMBH
Mandichostraße 18
86504 Merching
Telefon: +49 (0)8233 381-123
Telefax: +49 (0)8233 381-222
E-Mail: service(at)forum-verlag.com

Diese Daten können Sie auch zur Abgabe von Kündigungen nutzen.

2.2. Für Fragen, Beanstandungen oder anderen Anliegen zu unseren Angeboten oder Verträgen mit Ihnen erreichen Sie zudem unseren Kundendienst:

Tel: +49 (0)8233 381-123 (Mo - Do 8.00-17.00 Uhr, Fr 8.00-15.00 Uhr)
E-Mail: service(at)forum-verlag.com

Die Nutzung unseres Kundendienstes ist grundsätzlich kostenfrei, es fallen nur die Entgelte an, die Ihnen durch die Nutzung des Fernkommunikationsmittels entstehen.

# 2

# 2 Rechtliche Grundlagen für Recyclingbaustoffe

**Autoren**
Martin Meier; Andre Fietkau (2.1–2.2, 2.4)
Bernhard Kling (2.3, 2.5)

**Inhaltsverzeichnis**

2.1 Mantelverordnung

2.2 Ersatzbaustoffverordnung
2.2.1 Die wichtigsten Begriffe der Ersatzbaustoffverordnung
2.2.2 Annahme mineralischer Abfälle und Annahmekontrolle
2.2.3 Herstellung mineralischer Ersatzbaustoffe und Güteüberwachung
2.2.4 Probenahme und Probenaufbereitung
2.2.5 Bewertung der Untersuchungsergebnisse der Güteüberwachung
2.2.6 Einbauweisen und Einsatzmöglichkeiten
2.2.7 Zusätzliche Anforderungen an den Einbau bestimmter mineralischer Ersatzbaustoffe
2.2.8 Behördliche Entscheidungen
2.2.9 Anzeige- und Mitteilungspflichten zum Einbau und Rückbau mineralischer Ersatzbaustoffe
2.2.10 Getrennte Sammlung und Verwertung von mineralischen Abfällen aus technischen Bauwerken
2.2.11 Lieferschein, Deckblatt und Dokumentation
2.2.12 Abfallende

2.3 TL Gestein-StB
2.3.1 Allgemeines
2.3.2 Definitionen
2.3.3 Zusammensetzung
2.3.4 Anforderungen

| | |
|---|---|
| 2.3.5 | Bewertung und Überprüfung der Leistungsbeständigkeit |
| **2.4** | **Einsatz in ungebundenen Bauweisen** |
| 2.4.1 | TL SoB-StB und TL G SoB-StB |
| 2.4.2 | TL Pflaster-StB |
| 2.4.3 | TL Gab-StB |
| 2.4.4 | TL BuB E-StB |
| **2.5** | **Einsatz in gebundenen Bauweisen** |
| 2.5.1 | TL Beton-StB |
| 2.5.2 | TL Asphalt-StB |

# 2 Rechtliche Grundlagen für Recyclingbaustoffe

## 2.1 Mantelverordnung

Die sogenannte Mantelverordnung wurde am 16.07.2021 im Bundesgesetzblatt veröffentlicht (BGBl. I 2021, S. 2598). Nach einer Übergangszeit ist sie am **01.08.2023** in Kraft getreten. Die Verordnung „ummantelt" im Einzelnen:

*Inkrafttreten am 01.08.2023*

- die Einführung der **Ersatzbaustoffverordnung** (ErsatzbaustoffV), Art. 1 MantelV,

- die Neufassung der **Bundes-Bodenschutz- und Altlastenverordnung** (BBodSchV), Art. 2 MantelV,

- die Änderung der **Deponieverordnung** (DepV), Art. 3 MantelV und

- die Änderung der **Gewerbeabfallverordnung** (GewAbfV), Art. 4 MantelV.

Der abschließende Art. 5 MantelV schreibt neben dem Inkrafttreten eine Evaluierung des Vollzugs bis zum 01.08.2025 sowie ein begleitendes wissenschaftliches Monitoring bis zum 01.08.2027 vor.

Die ErsatzbaustoffV setzt erstmals bundeseinheitlich verbindliche Regeln für die Aufbereitung und die Verwendung von mineralischen Ersatzbaustoffen in technischen Bauwerken. Am 13.07.2023, noch vor Inkrafttreten, wurde sie geändert (BGBl. I 2023 Nr. 186).

Die neugefasste BBodSchV wirkt sich v. a. auf die Verfüllung von Abgrabungen und Tagebauen aus. Das gilt auch für Bayern, das als einziges Bundesland von der Länderöffnungsklausel in § 8 Abs. 8 BBodSchV Gebrauch gemacht hat, um das bisherige Landesrecht fortzuführen.

Die Änderungen von DepV und GewAbfV betreffen die Beseitigung von mineralischen Ersatzbaustoffen in Deponien der Klassen 0 und I (§§ 6 Abs. 1a; 8 DepV) sowie die Anforderungen an die Getrennthaltung von Abfällen (§ 8 Abs. 1a GewAbfV).

> **!** Verfüllbescheide, die vor dem 16.07.201 erlassen wurden, genießen Bestandsschutz bis zum 31.07.2031 (§ 28 Abs. 1 BBodSchV), solange sie nicht wesentlich geändert werden. Zu den wesentlichen Änderungen, die zu einer Aufhebung des Bestandsschutzes führen, zählen insbesondere Flächenerweiterungen oder Fristverlängerungen. Eine Ausnahme bilden etwa in Bayern die turnusmäßigen Verlängerungen bergrechtlicher Hauptbetriebspläne, welche den Bestandsschutz unberührt lassen.

## 2.2 Ersatzbaustoffverordnung

Die Ersatzbaustoffverordnung, kurz ErsatzbaustoffV, Erst betrachtet grundsätzlich den gesamten Lebenszyklus mineralischer Ersatzbaustoffe. Der Anwendungsbereich umfasst zunächst

- die Probennahme und Untersuchung von nicht aufbereitetem Bodenmaterial und Baggergut (§ 1 Abs. 1 Nr. 2 ErsatzbaustoffV),

- die Herstellung und das Inverkehrbringen von mineralischen Ersatzbaustoffen (§ 1 Abs. 1 Nr. 1 ErsatzbaustoffV),

- den Einbau von mineralischen Ersatzbaustoffen in technische Bauwerke (§ 1 Abs. 1 Nr. 3 ErsatzbaustoffV) sowie

- die getrennte Sammlung von mineralischen Ersatzbaustoffen aus technischen Bauwerken (§ 1 Abs. 1 Nr. 4 ErsatzbaustoffV).

Der Bundesverordnungsgeber verfolgt mit der ErsatzbaustoffV vordergründig das Ziel, „[...] Schadstoffe, die bei Einbau von mineralischen Ersatzbaustoffen in technische Bauwerke durch Sickerwasser in den Boden und das Grundwasser eindringen können, zu begrenzen".[1]

---

[1] BR-Drs. 494/21, S. 195.

## 2.2.1 Die wichtigsten Begriffe der Ersatzbaustoffverordnung

**Mineralischer Ersatzbaustoff**

Für die Annahme eines mineralischen Ersatzbaustoffs im Sinne von § 2 Satz 1 Nr. 1 ErsatzbaustoffV müssen drei Voraussetzungen kumulativ erfüllt sein. Der Ersatzbaustoff muss als Abfall oder Nebenprodukt in einer Aufbereitungsanlage hergestellt worden oder unmittelbar bei Bauarbeiten angefallen sein. Er muss für den Einbau in technische Bauwerke bestimmt sein und die nötige Eignung für die beabsichtigte Verwendung aufweisen. Schließlich muss der Ersatzbaustoff einem der abschließend von der ErsatzbaustoffV vorgegebenen Stoffe entsprechen.

**Gemisch**

Ein Gemisch ist ein mineralischer Baustoff, der hergestellt ist aus

- einem mineralischen Ersatzbaustoff und mindestens einem sonstigen mineralischen Stoff oder
- mehreren mineralischen Ersatzbaustoffen mit oder ohne Zumischung von sonstigen mineralischen Stoffen.

**Aufbereitungsanlage**

Eine Aufbereitungsanlage ist eine Anlage, in der mineralische Abfälle und Nebenprodukte behandelt werden, § 2 Satz 1 Nr. 5 ErsatzbaustoffV. Beispielhaft genannt werden das Sortieren, Trennen, Zerkleinern, Sieben, Reinigen oder Abkühlen der mineralischen (Rest-)Stoffe. Die Aufzählung ist nicht abschließend. Nicht vom Geltungsbereich der ErsatzbaustoffV umfasst und damit auch keine Aufbereitungsanlagen sind Gleisschotteranschärfungsanlagen, Anlagen für die Aufbereitung und den sofortigen Wiedereinbau von Asphalt sowie Anlagen für die Zwischen- und Umlagerung von mineralischen Ersatzbaustoffen am Herkunftsort, einschließlich der Seitenentnahme von Bodenmaterial.[1]

**Mobile Aufbereitungsanlage**

Aufbereitungsanlagen können sowohl stationär als auch mobil betrieben werden, § 2 Satz 1 Nr. 6, 7 ErsatzbaustoffV. Nach der Bund-Länder-Arbeitsgemeinschaft Abfall (LAGA) handelt es sich um eine mobile Anlage, wenn durch die Aufbereitung ein mineralischer Ersatzbaustoff hergestellt wird, der für die Verwendung in einem technischen Bauwerk geeignet und bestimmt ist.[2] Diese Herleitung ist etwas unglücklich, da gleichzeitig die Herstellung in einer Aufbereitungsanlage eine der Voraussetzungen für die Anerkennung als mineralischer Ersatzbaustoff ist. Im Ergebnis unterliegen jedenfalls mobile Anlagen, in denen Abfälle lediglich für den Abtransport vorbehandelt werden, nicht der ErsatzbaustoffV.

---

[1] BR-Drs. 494/21, S. 242.
[2] LAGA, Fragen und Antworten zur Ersatzbaustoffverordnung. Version 2, i. d. F. v. 21.09.2023, S. 32.

**Technisches Bauwerk**

Ein technisches Bauwerk ist jede mit dem Boden verbundene Anlage oder Einrichtung, die nach einer Einbauweise der Anlage 2 oder 3 errichtet wird. Hierzu gehören insbesondere

a) Straßen, Wege und Parkplätze,

b) Baustraßen,

c) Schienenverkehrswege,

d) Lager-, Stell- und sonstige befestigte Flächen,

e) Leitungsgräben und Baugruben, Hinterfüllungen und Erdbaumaßnahmen, bspw. Lärm- und Sichtschutzwälle und

f) Aufschüttungen zur Stabilisierung von Böschungen und Bermen.

*Dämme und Wälle*  Bei bestimmten technischen Bauwerken, wie etwa **Dämmen und Wällen**, kann die Abgrenzung zu bodenähnlichen Anwendungen der BBodSchV Schwierigkeiten bereiten. Grundsätzlich gilt, dass der Einsatz von mineralischen Ersatzbaustoffen nur in dem für die technische Funktion unbedingt erforderlichen Umfang erfolgen darf. Die Funktion muss durch technische Kriterien und Vorgaben zur Erdbautechnik identifizier- und abgrenzbar sein.[1] Als Bemessungsmaßstäbe für das technische Bauwerk können etwa Tragfähigkeit, Verdichtungsgrad, Verformbarkeit oder Frostsicherheit dienen. Eine Erdbaumaßnahme, für die keine bautech-

---

[1] LABO, Vollzugshilfe zu §§ 6–8 BBodSchV, i. d. F. v. 16.02.2023, S. 39.

nische Notwendigkeit besteht, zählt nicht zum technischen Bauwerk und unterliegt der BBodSchV.[1]

Einen Sonderfall bilden **Stützkörper für die Böschungsstabilisierung**, die zwar technische Bauwerke darstellen, für die aber auch § 8 Abs. 6 BBodSchV maßgeblich ist, Erläuterungen in Anlage 2 ErsatzbaustoffV.

*Stützkörper für die Böschungsstabilisierung*

## Materialklasse

§ 2 Satz 1 Nr. 18 bis 33 ErsatzbaustoffV zählt abschließend 16 mineralische Stoffe auf, welche als Ersatzbaustoffe geeignet sind. Andere mineralische Stoffe als die genannten sind im Rahmen von Gemischen zulässig oder bedürfen der Einzelfallgenehmigung nach § 21 Abs. 3 ErsatzbaustoffV.

Mineralische Ersatzbaustoffe derselben Art und Herkunft werden zu Materialklassen zusammengefasst, § 2 Satz 1 Nr. 13 ErsatzbaustoffV. Eine weitere Abstufung erfolgt nach den Materialwerten, die in Tab. 1 bis 4 Anlage 1 ErsatzbaustoffV aufgeführt sind. Für jede Materialklasse sind bestimmte Einbauweisen vorgesehen, Tab. 1 bis 27 Anlage 2 ErsatzbaustoffV.

Die ErsatzbaustoffV gibt die folgenden Materialklassen abschließend vor:

- **Bodenmaterial** und **Baggergut** (BM-0/BG-0, BM-0/BG-0*, BM-F0*/BG-F0*, BM-F1/BG-F1, BM-F2/BG-F2, BM-F3/BG-F3)

---

[1] LABO, Vollzugshilfe zu §§ 6–8 BBodSchV, i. d. F. v. 16.02.2023, S. 42 f.

Bodenmaterial aus dem Oberboden, dem Unterboden oder dem Untergrund, das ausgehoben, abgeschoben, abgetragen oder in einer Aufbereitungsanlage behandelt und nach dem Aushub nicht mit anderen Ersatzbaustoffen als Bodenmaterial vermischt wurde, § 2 Satz 1 Nr. 33 ErsatzbaustoffV in Verbindung mit § 2 Nr. 6 BBodSchV.

Baggergut, das im Rahmen von Unterhaltungs-, Neu- oder Ausbaumaßnahmen aus oder an Gewässern entnommen oder aufbereitet wird oder wurde. Baggergut kann bestehen aus Sedimenten und subhydrischen Böden der Gewässersohle, aus dem Oberboden, dem Unterboden oder dem Untergrund im unmittelbaren Umfeld des Gewässerbetts oder aus Oberböden im Ufer- und Überschwemmungsbereich des Gewässers, § 2 Satz 1 Nr. 30 ErsatzbaustoffV.

Bodenmaterial und Baggergut kann bis zu 10 Vol.-% (Materialklassen BM-/BG-) bzw. bis zu 50 Vol.-% mineralische Fremdbestandteile (BM-F/BG-F) enthalten, Anlage 1 Tab. 3 Fn. 1. In Abhängigkeit von den Materialwerten werden die Materialklassen BM-0/BG-0, BM-0*/BG-0* sowie BM-F0*/BG-F0*, BM-F1/BG-F1, BM-F2/BG-F2, BM-F3/BG-F3 unterschieden, Anlage 1 Tab. 3 ErsatzbaustoffV. Für die Materialklasse BM-0/BG-0 bestehen je nach Bodenart die Unterklassen Sand, Lehm/Schluff und Ton. Überschreitet ein Bodenmaterial oder Baggergut mit bis zu 10 Vol.-% mineralischer Fremdanteile die Materialwerte BM-0*/BG-0*, kann es auch in eine F-Klasse eingruppiert werden.[1]

---

[1] LAGA, Fragen und Antworten zur Ersatzbaustoffverordnung. Version 2, i. d. F. v. 21.09.2023, S. 18.

> ❗ Materialien sind grundsätzlich für das Einbringen unterhalb der durchwurzelbaren Bodenschicht geeignet, wenn sie der Materialklasse BM-0/BG-0 Sand entsprechen, § 8 Abs. 2 HS 2 Alt. 2 BBodSchV. Erfolgt die Einstufung hingegen nach Maßgabe der Vorsorgewerte in Tab. 1 und 2 Anlage 1 BBodSchV, können neben Sand auch die Bodenarten Lehm/Schluff und Ton berücksichtigt werden.

- **Hochofenschlacke** (HOS-1, HOS-2)

  Gesteinskörnung, die aus der im Hochofenprozess entstehenden Hochofenschlacke durch Abkühlung und nachfolgende Zerkleinerung und Sortierung gewonnen wird.

- **Hüttensand** (HS)

  Glasiger, feinkörniger Mineralstoff, der durch schockartige Abkühlung flüssiger Hochofenschlacke gewonnen wird.

- **Stahlwerksschlacke** (SWS-1, SWS-2)

  Schlacke, die bei der Verarbeitung von Roheisen, Eisenschwamm und aufbereitetem Stahlschrott zu Stahl im Linz-Donawitz-Konverter oder im Elektroofen anfällt, mit Ausnahme von Schlacken aus der Edelstahlherstellung sowie der im früher verwendeten Siemens-Martin-Verfahren angefallenen Schlacken.

- **Kupferhüttenmaterial** (CUM-1, CUM-2)

  Schlacke, die bei der Herstellung von Kupfer als Stückschlacke oder als Schlackegranulat anfällt.

- **Gießerei-Kupolofenschlacke** (GKOS)

  Schlacke, die in Eisengießereien beim Schmelzen von Gusseisen in Kupolöfen anfällt.

- **Gießereisand** (GRS)

  Rieselfähiger Sand, der in Eisen-, Stahl-, Temper- und Nichteisenmetall-Gießereien anfällt.

- **Schmelzkammergranulat** aus der Schmelzkammerfeuerung von Steinkohle (SKG)

  Glasiges Granulat, das durch schockartige Abkühlung des bei der Verbrennung von Steinkohle oder Steinkohle mit anteiliger Mitverbrennung von Abfällen in Kohlenstaubfeuerungen mit flüssigem Ascheabzug anfallenden Mineralstoffs entsteht.

- **Steinkohlenasche** (SKA)

  Asche, die bei der Trockenfeuerung von Steinkohle oder Steinkohle mit anteiliger Mitverbrennung von Abfällen am Kesselboden über eine Rinne nass oder trocken abgezogen wurde.

- **Steinkohlenflugasche** (SFA)

  Mineralstoffpartikel, die aus der Trocken- oder Schmelzfeuerung mit Steinkohle oder Steinkohle mit anteiliger Mitverbrennung von Abfällen im Rauchgasstrom mitgeführt und mit Elektrofiltern abgeschieden wurden.

- **Braunkohlenflugasche** (BFA)

  Mineralstoffpartikel, die aus der Feuerung mit Braunkohle oder Braunkohle mit anteiliger Mitverbrennung von Abfällen im Rauchgasstrom mitgeführt und mit Elektrofiltern abgeschieden wurden.

- **Hausmüllverbrennungsasche** (HMVA-1, HMVA-2)

  Aufbereitete und gealterte Rost- und Kesselasche aus Anlagen zur Verbrennung von Haushaltsabfällen und ähnlichen gewerblichen und industriellen Abfällen sowie Abfällen aus privaten und öffentlichen Einrichtungen.

- **Recyclingbaustoff** (RC-1, RC-2, RC-3)

  Mineralischer Baustoff, der durch die Aufbereitung von mineralischen Abfällen hergestellt wird, die bei Baumaßnahmen, bspw. Rückbau, Abriss, Umbau, Ausbau, Neubau und Erhaltung oder bei der Herstellung mineralischer Bauprodukte angefallen sind.

- **Ziegelmaterial** (ZM)

  Ziegelsand, Ziegelsplitt und Ziegelbruch aus sortenrein erfassten und in einer Aufbereitungsanlage behandelten Abfällen aus Ziegel aus dem thermischen Produktionsprozess (Brennbruch) oder aus sortenrein erfasstem und in einer Aufbereitungsanlage behandeltem Ziegelbruch aus Abfällen, die bei Baumaßnahmen wie Rückbau, Abriss, Umbau, Ausbau, Neubau und Erhaltung anfallen.

  Für Ziegelmaterial bestehen keine Materialwerte in Anlage 1 ErsatzbaustoffV.

- **Gleisschotter** (GS-0, GS-1, GS-2, GS-3)

  Bettungsmaterial aus Naturstein, das bei Baumaßnahmen an Schienenverkehrswegen oberhalb der Tragschicht oder des Planums anfällt oder in einer Aufbereitungsanlage behandelt wurde. Gleisschotter mit natürlichem Ursprung zählt zum Bodenmaterial im Sinne des § 2 Nr. 6 BBodSchV.[1]

- **Materialwert**

  Materialwerte sind Grenzwerte und Orientierungswerte eines mineralischen Ersatzbaustoffs oder einer Materialklasse eines mineralischen Ersatzbaustoffs. Diese sind in Anlage 1 ErsatzbaustoffV festgesetzt. Je nach mineralischem Ersatzbaustoff zählen dazu:

  - pH-Wert
  - elektrische Leitfähigkeit
  - Chlorid
  - Sulfat
  - Fluorid
  - DOC (Dissolved Organic Carbon)
  - polyzyklische aromatische Kohlenwasserstoffe ($PAK_{15}$, $PAK_{16}$)
  - Benzo(a)pyren
  - Naphthalin und Methylnaphthalin (gesamt)
  - AntimonF
  - Arsen
  - Blei
  - Cadmium
  - Chrom gesamt
  - Kupfer

---

[1] BR-Drs. 494/21, S. 274.

- Molybdän
- Nickel
- Vanadium
- Zink
- Quecksilber
- Thallium
- Kohlenwasserstoffe (Kettenlänge C10 bis C22)
- polychlorierte Biphenyle und extrahierbare organisch gebundene Halogene

## 2.2.2 Annahme mineralischer Abfälle und Annahmekontrolle

Der Betreiber einer Aufbereitungsanlage für Recyclingbaustoffe hat bei der Anlieferung von mineralischen Abfällen unverzüglich eine Annahmekontrolle durchzuführen. Das Ergebnis ist zu dokumentieren. Die Annahmekontrolle umfasst mindestens die Sichtkontrolle und Feststellungen zur Charakterisierung. Dazu zählen insbesondere:

*Sichtkontrolle und Feststellungen zur Charakterisierung*

- Namen und Anschrift des Sammlers oder Beförderers
- Masse und Herkunftsbereich des angelieferten Abfalls
- Abfallschlüssel gemäß Anlage Abfallverzeichnis-Verordnung (AVV)
- Bezeichnung der Baumaßnahme oder Angaben zur Anfallstelle sowie

- Zusammensetzung, Verschmutzung, Konsistenz, Aussehen, Farbe und Geruch

Weitere Erkenntnisse können der Charakterisierung dienen, wie etwa

- Materialwerte nach Anlage 1 Tab. 1 und 4 ErsatzbaustoffV und Überwachungswerte nach Anlage 4 Tab. 2.2 ErsatzbaustoffV für Recyclingbaustoffe und
- Materialwerte nach Anlage. 1 Tab. 3 und 4 ErsatzbaustoffV für Bodenmaterial.

Liegen dem Abfallerzeuger oder -besitzer wesentliche Untersuchungsergebnisse vor oder sind ihm aus der Vorerkundung bekannt, sind diese dem Betreiber der Anlage bei der Anlieferung vorzulegen.

Gibt es bei der Anlieferung den Verdacht, dass Materialwerte für Recyclingbaustoffe der Klasse 3 (RC-3) oder Materialwerte für Bodenmaterial der Klasse F3 (BM-F3) überschritten werden, sind diese Abfälle getrennt zu lagern und vor der Behandlung von einer Untersuchungsstelle getrennt zu beproben und zu untersuchen. Gleiches gilt bei Verdacht auf Überschreitung der Überwachungswerte nach Anlage 4 Tab. 2.2 ErsatzbaustoffV oder bei nicht aufbereitetem Bodenmaterial der Materialwerte für Bodenmaterial der Klasse F3 (BM-F3) nach Anlage 1 Tab. 3 oder 4 ErsatzbaustoffV. Gibt es Erkenntnisse, dass die angelieferten mineralischen Abfälle erhöhte Gehalte weiterer durch die ErsatzbaustoffV nicht begrenzter Stoffe haben, sind diese Stoffe zusätzlich analytisch zu bestimmen. Werden ein Messwert oder mehrere Messwerte der Materialwerte oder Überwachungswerte überschritten, greift das Vermischungsverbot für diese Abfälle mit anderen Abfällen oder Materialien. Das gilt auch bei erhöhten Gehalten weiterer Schadstoffe, für die keine Materialwerte festgesetzt sind und die einer ordnungsgemäßen und schadlosen Verwertung gem. § 7 Abs. 3 Kreislaufwirtschaftsgesetz (KrWG) entgegenstehen. Eine getrennte Aufbereitung zur Einhaltung der Materialwerte nach Anlage 1 ErsatzbaustoffV ist zulässig.

### 2.2.3 Herstellung mineralischer Ersatzbaustoffe und Güteüberwachung

Für die Aufbereitung und Herstellung mineralischer Ersatzbaustoffe ist eine Güteüberwachung vorgegeben. Sie besteht aus

- Eignungsnachweis,
- werkseigener Produktionskontrolle (WPK) und
- Fremdüberwachung.

Der Betreiber der Aufbereitungsanlage hat den Eignungsnachweis und die Fremdüberwachung von einer Überwachungsstelle durchführen zu lassen

- bei der erstmaligen Inbetriebnahme einer mobilen oder stationären Anlage,
- nach einer Änderung an einer genehmigungsbedürftigen Anlage gem. §§ 15 und 16 Bundes-Immissionsschutzgesetz (BImSchG),
- bei nicht genehmigungsbedürftigen Anlagen nach einem Wechsel der Baumaßnahme oder

- wenn andere, nicht vom Eignungsnachweis erfasste mineralische Ersatzbaustoffe in der Anlage hergestellt werden.

### Eignungsnachweis

Der Eignungsnachweis besteht aus der Erstprüfung und der Betriebsbeurteilung.

Bei der Erstprüfung prüft und stellt die Überwachungsstelle fest, ob bei den hergestellten mineralischen Ersatzbaustoffen die Materialwerte der Anlage 1 ErsatzbaustoffV eingehalten und ob materialspezifische Schadstoffe im Eluat enthalten sind, für die keine Materialwerte festgesetzt wurden. Die Erstprüfung einer Aufbereitungsanlage zur Herstellung von Recyclingbaustoffen umfasst zusätzlich die Feststellung, ob die Überwachungswerte gemäß Anlage 4 Tab. 2.2 ErsatzbaustoffV im Feststoff eingehalten werden. Die fachkundige Überwachungsstelle entnimmt alle notwendigen Proben des in der Aufbereitungsanlage hergestellten mineralischen Ersatzbaustoffs nach Maßgabe von § 8 ErsatzbaustoffV und protokolliert nach LAGA-Mitteilung 32 „Richtlinie für das Vorgehen bei physikalischen, chemischen und biologischen Untersuchungen im Zusammenhang mit der Verwertung/Beseitigung von Abfällen", Stand: Mai 2019 (PN 98). Die Proben sollen in Gegenwart eines Vertreters des Betreibers der Aufbereitungsanlage entnommen werden. Die Analytik der Proben gem. § 9 ErsatzbaustoffV hat eine Untersuchungsstelle durchzuführen.

*Probenentnahme in Gegenwart des Betreibers der Aufbereitungsanlage*

Die Betriebsbeurteilung führt die Überwachungsstelle der Erstprüfung durch. Erfüllt die Aufbereitungsanlage die Anforderungen an Anlagenkomponenten, Betriebsorganisation und personelle Ausstattung und bietet der Betreiber die Gewähr, dass die Anforderungen von Abschnitt 2 ErsatzbaustoffV zur Annahme von mineralischen Abfällen sowie Abschnitt 3 Unterabschnitt 1 ErsatzbaustoffV zur Güteüberwachung erfüllt werden, gilt die Betriebsbeurteilung als bestanden. Der Betreiber erhält ein Prüfzeugnis über den Eignungsnachweis mit folgenden Angaben:

- die Durchführung der Erstprüfung einschließlich der Probenahme und der Analyseergebnisse der untersuchten Parameter

- eine abschließende Bewertung darüber, ob die Materialwerte nach Maßgabe des § 10 ErsatzbaustoffV eingehalten werden, sowie

- das Ergebnis der Betriebsbeurteilung

Der Betreiber darf mineralische Ersatzbaustoffe erst in Verkehr bringen, wenn das Prüfzeugnis der Überwachungsstelle über den erbrachten Eignungsnachweis vorliegt.

Der Betreiber einer mobilen Aufbereitungsanlage für mineralische Ersatzbaustoffe hat der zuständigen Behörde bei jeder neuen Baumaßnahme oder bei jedem sonstigen Wechsel des Einsatzorts unverzüglich Folgendes zu übermitteln:

- Name des Betreibers der Aufbereitungsanlage

- Einsatzort, an dem die Aufbereitungsanlage betrieben wird, und

- Kopie des Prüfzeugnisses

## Werkseigene Produktionskontrolle

Sofern die ErsatzbaustoffV keine Regelungen enthält, richten sich Umfang und Durchführung der werkseigenen Produktionskontrolle nach den Anforderungen der Technischen Lieferbedingungen für Baustoffgemische und Böden zur Herstellung von Schichten ohne Bindemittel im Straßenbau (Anhang A – TL SoB-StB 04), Ausgabe 2004, Fassung 2007 (FGSV).

Der Betreiber der Aufbereitungsanlage hat die geltenden Materialwerte der Anlage 1 ErsatzbaustoffV durch die werkseigene Produktionskontrolle eigenverantwortlich nach dem in der Anlage. 4 Tab. 1 ErsatzbaustoffV angegebenen Turnus zu überwachen. Die Probenahme nach Maßgabe von § 8 Abs. 2 ErsatzbaustoffV und die Analytik der Proben nach Maßgabe von § 9 ErsatzbaustoffV hat eine Untersuchungsstelle durchzuführen.

Können die Materialwerte nicht eingehalten werden, ist eine Ursachenermittlung des Betreibers der Aufbereitungsanlage erforderlich, und er muss Abhilfe schaffen. Diese Chargen sind entweder der nächsthöheren Materialklasse zuzuordnen, für die sie Materialwerte einhalten, oder, sofern keine Materialklasse in Anlage 1 ErsatzbaustoffV definiert ist oder eingehalten wird, ordnungsgemäß und schadlos zu verwerten oder gemeinwohlverträglich zu beseitigen.

## Fremdüberwachung

Der Betreiber der Aufbereitungsanlage hat die für die jeweiligen mineralischen Ersatzbaustoffe geltenden Materialwerte der Anlage 1 ErsatzbaustoffV durch die Fremdüberwachung von einer Überwachungsstelle nach dem in der Anlage 4 Tab. 1 ErsatzbaustoffV angegebenen Überwachungsturnus überwachen zu lassen. Abweichend von Anlage 4 Tab. 1 ErsatzbaustoffV beginnt bei mobilen Aufbereitungsanlagen der Überwachungsturnus mit einer Fremdüberwachung bei jedem neuen Einsatzort.

Der Betreiber einer Aufbereitungsanlage, in der Recyclingbaustoffe hergestellt werden, hat bei jeder zweiten Fremdüberwachung zusätzlich zu den in der ErsatzbaustoffV genannten Materialwerten die Überwachungswerte nach Anlage 4 Tab. 2.2 ErsatzbaustoffV von einer Überwachungsstelle überwachen zu lassen. Für die Bewertung der Untersuchungsergebnisse gilt § 10 ErsatzbaustoffV entsprechend. Werden die Überwachungswerte überschritten, hat der Betreiber der Aufbereitungsanlage die Ursache zu ermitteln und Maßnahmen zur Abhilfe zu ergreifen.

Zur Durchführung der Fremdüberwachung entnimmt die Überwachungsstelle nach Maßgabe der ErsatzbaustoffV Proben des hergestellten mineralischen Ersatzbaustoffs und bereitet diese auf. Die Proben sollen in Gegenwart eines Vertreters des Betreibers der Aufbereitungsanlage entnommen werden. Die Analytik der Proben erfolgt nach Maßgabe der ErsatzbaustoffV und ist von einer Untersuchungsstelle durchzuführen. Die Überwachungsstelle hat auch zu prüfen, ob die Annahmekontrolle und die werkseigene Produktionskontrolle den Anforderungen der ErsatzbaustoffV entsprechen.

Über die durchgeführte Fremdüberwachung stellt die Überwachungsstelle ein Prüfzeugnis aus. Dieses Prüfzeugnis muss folgende Angaben enthalten:

*Prüfzeugnis*

- die Durchführung der Fremdüberwachung einschließlich der Probenahme und der Analyseergebnisse der untersuchten Parameter
- die Bewertung der werkseigenen Produktionskontrolle
- eine abschließende Bewertung darüber, ob die Materialwerte nach Maßgabe der ErsatzbaustoffV eingehalten werden, und
- die Ermittlung der angegebenen Materialwerte von pH-Wert und elektrischer Leitfähigkeit

Wird im Auftrag eines Betreibers einer stationären Aufbereitungsanlage eine mobile Aufbereitungsanlage auf dem Betriebsgelände der stationären Aufbereitungsanlage in einem einheitlichen Betriebsablauf betrieben, ist für die Berechnung der festgelegten Mengen nach Anlage 4 Tab. 1 ErsatzbaustoffV zur Durchführung einer Fremdüberwachung die von der mobilen Aufbereitungsanlage hergestellte Menge eines mineralischen Ersatzbaustoffs zu der von der stationären Aufbereitungsanlage hergestellten Menge des gleichen Ersatzbaustoffs zu addieren. In diesen Fällen entfällt für die mobile Anlage die Fremdüberwachung.

### 2.2.4 Probenahme und Probenaufbereitung

*Probenahmeprotokolle fünf Jahre aufbewahren*

Die Probenahme für die Erstprüfung im Rahmen des Eignungsnachweises nach § 5 Abs. 2 ErsatzbaustoffV hat gemäß PN 98 zu erfolgen. Die Probenahme ist zu protokollieren. Die Probenahmeprotokolle sind fünf Jahre aufzubewahren und der zuständigen Behörde auf Verlangen vorzulegen. Die Probenahme ist von Personen durchzuführen, die über die für die Durchführung der Probenahme erforderliche Fachkunde verfügen. Diese Anforderungen gelten sowohl für die Probenahme im Rahmen der werkseigenen Produktionskontrolle als auch für die Fremdüberwachung.

Nach der Probenahme und der Probenaufbereitung ist zur Überwachung solcher Materialwerte der Anlage 1 ErsatzbaustoffV, die als Eluatwerte angegeben sind, aus der jeweiligen Prüfprobe ein Eluat zur Bestimmung der Konzentrationen der relevanten anorganischen und organischen Parameter in der wässrigen Lösung herzustellen. Die Herstellung des Eluats hat entweder durch den ausführlichen Säulenversuch oder den Säulenkurztest nach DIN 19528, Ausgabe Januar 2009, oder durch den Schüttelversuch nach DIN 19529, Ausgabe Dezember 2015, zu erfolgen.

Für Materialwerte der Anlage 1 ErsatzbaustoffV, die als Feststoffwerte angegeben sind, ist die gewonnene Prüfprobe zu untersuchen. Bei Bodenmaterial und Baggergut mit bis zu 10 Vol.-% mineralischer Fremdbestandteile beziehen sich die Materialwerte der Anlage 1 ErsatzbaustoffV auf eine Probe, die aus Feinfraktionen kleiner 2,0 mm besteht, § 9 Abs. 4 Satz 2 ErsatzbaustoffV. Schadstoffhaltige Materialien mit einer Korngröße von mehr als 2,0 mm sind bei Feststoffuntersuchungen aus der gesamten Laborprobe zu entnehmen und gesondert zu untersuchen. Ihr Masseanteil ist zu ermitteln und bei der Bewertung der Untersuchungsergebnisse einzubeziehen.

> **!** Im Wortlaut des § 9 Abs. 4 Satz 2 ErsatzbaustoffV ist von Bodenmaterial und Baggergut mit weniger als 10 Vol.-% mineralischer Fremdbestandteile die Rede. Dies steht insbesondere im Widerspruch zu den Legaldefinitionen in § 2 Nr. 33 ErsatzbaustoffV in Verbindung mit §§ 2 Nr. 6; 7 Abs. 1 Satz 2; 8 Abs. 1 Satz 2 BBodSchV sowie Anlage 1 Tab. 3 Fn. 1 ErsatzbaustoffV, welche für Bodenmaterial und Baggergut einen mineralischen Fremdbestandteil von bis zu 10 Vol.-% freigeben. Bei der Formulierung in § 9 Abs. 4 Satz 2 ErsatzbaustoffV handelt es sich augenscheinlich um ein redaktionelles Versehen,[1] sodass auch hier von einem zulässigen mineralischen Fremdbestandteil von **bis zu** 10 Vol.-% auszugehen ist.

### 2.2.5 Bewertung der Untersuchungsergebnisse der Güteüberwachung

Der Betreiber der Aufbereitungsanlage hat den mineralischen Ersatzbaustoff unverzüglich nach der Bewertung der Untersuchungsergebnisse in eine Materialklasse einzuteilen, sofern in Anlage 1 ErsatzbaustoffV für einen mineralischen Ersatzbaustoff mehrere Materialklassen definiert sind.

---

[1] BR-Drs. 494/21, S. 254.

Der Betreiber der Aufbereitungsanlage hat die Prüfzeugnisse aus der Güteüberwachung, die Probenahme- und Probenvorbereitungsprotokolle und die Untersuchungsergebnisse sowie die Klassifizierung unverzüglich nach Erhalt und fortlaufend zu dokumentieren und ab ihrer Ausstellung **fünf Jahre** aufzubewahren. Das Prüfzeugnis über den Eignungsnachweis ist für die **Dauer des Anlagenbetriebs** aufzubewahren.

*Prüfzeugnis über den Eignungsnachweis ist für die Dauer des Anlagenbetriebs aufzubewahren*

Eine Ausfertigung des Prüfzeugnisses über den Eignungsnachweis ist der zuständigen Behörde unverzüglich nach Erhalt schriftlich oder elektronisch vorzulegen. Die zuständige Behörde kann die Aufbereitungsanlagen, die über das Prüfzeugnis verfügen, auf ihrer Internetseite bekannt geben. Die übrigen Dokumente sind auf Verlangen der zuständigen Behörde vorzulegen.

Wird im Rahmen der Fremdüberwachung festgestellt, dass die Materialwerte nicht eingehalten sind, wiederholt die Überwachungsstelle unverzüglich die Prüfung. Treten bei der Wiederholungsprüfung wieder Überschreitungen der Materialwerte auf, hat die Überwachungsstelle dem Betreiber der Aufbereitungsanlage eine angemessene Frist zur Behebung der Mängel zu setzen. Sie informiert schriftlich die zuständige Behörde. Treten bei der erneuten Prüfung wieder Überschreitungen der Materialwerte auf, ist die betreffende Charge des mineralischen Ersatzbaustoffs der nächsthöheren Materialklasse zuzuordnen, für die die Materialwerte eingehalten werden, oder, sofern keine Materialklasse in Anlage 1 ErsatzbaustoffV definiert ist oder eingehalten wird, vorrangig ordnungsgemäß und schadlos zu verwerten oder gemeinwohlverträglich zu beseitigen.

*Frist zur Behebung der Mängel*

Die Überwachungsstelle geht ähnlich vor, wenn sie bei der Fremdüberwachung Mängel in der Durchführung oder der Dokumentation der werkseigenen Produktionskontrolle feststellt. Sie setzt dem Betreiber der Aufbereitungsanlage eine Frist zur Behebung der Mängel und informiert schriftlich die zuständige Behörde. Anschließend führt sie eine erneute Überwachung durch und teilt das Ergebnis dem Betreiber der Aufbereitungsanlage und der zuständigen Behörde mit. Stellt die Überwachungsstelle erneut Mängel fest, so stellt sie die Fremdüberwachung ein und teilt dies schriftlich unter Angabe der Gründe mit. Die mineralischen Ersatzbaustoffe, für die die Fremdüberwachung eingestellt ist, dürfen nur mit Zustimmung der zuständigen Behörde ordnungsgemäß und schadlos verwertet oder gemeinwohlverträglich beseitigt werden.

Zusätzlich gibt die zuständige Behörde die Aufbereitungsanlagen, für die die Fremdüberwachung eingestellt und für die die Wiederaufnahme der Fremdüberwachung erfolgt, auf ihrer Internetseite bekannt.

### 2.2.6 Einbauweisen und Einsatzmöglichkeiten

Die Einsatzmöglichkeiten von Ersatzbaustoffen in technischen Bauwerken sind von vielen Parametern wie Wasserschutzbereiche, Grundwasserdeckschichten, höchster gemessener Grundwasserstand und von der Einbauweise abhängig. Die Umweltverträglichkeit ist kein Kriterium für die technische Eignung von Ersatzbaustoffen. Diese ist nach den dafür geltenden bautechnischen Vorschriften zu bewerten. In den Anlage 2 und 3 ErsatzbaustoffV sind die Einsatzmöglichkeiten für mineralische Ersatzbaustoffe tabellarisch genannt. Insgesamt sind in Anlage 2 ErsatzbaustoffV 27 Tabellen für die einzelnen mineralischen Ersatzbaustoffe aufgeführt und in Anlage 3 ErsatzbaustoffV 13 Tabellen für spezifische Bahnbauweisen. Kombiniert mit den Einbauweisen ergeben sich über 440 denk- und prüfbare Einsatzmöglichkeiten mineralischer Ersatzbaustoffe in technischen Bauwerken und für Bahnbauweisen über 330 Einsatzmöglichkeiten.

Die 17 Einbauweisen in Anlage 2 ErsatzbaustoffV lauten: *Anlage 2 ErsatzbaustoffV*

- Decke bitumen- oder hydraulisch gebunden, Tragschicht bitumengebunden

- Unterbau unter Fundament- oder Bodenplatten, Bodenverfestigung unter gebundener Deckschicht

- Tragschicht mit hydraulischen Bindemitteln unter gebundener Deckschicht

- Verfüllung von Baugruben und Leitungsgräben unter gebundener Deckschicht

- Asphalttragschicht (teilwasserdurchlässig) unter Pflasterdecken und Plattenbelägen, Tragschicht hydraulisch gebunden (Dränbeton) unter Pflaster und Platten

- Bettung, Frostschutz- oder Tragschicht unter Pflaster oder Platten jeweils mit wasserundurchlässiger Fugenabdichtung

- Schottertragschicht (ToB) unter gebundener Deckschicht

- Frostschutzschicht (ToB), Baugrundverbesserung und Unterbau bis 1,0 m ab Planum jeweils unter gebundener Deckschicht

## 2.2 Ersatzbaustoffverordnung

- Dämme oder Wälle gemäß Bauweisen A–D nach MTSE sowie Hinterfüllung von Bauwerken im Böschungsbereich in analoger Bauweise
- Damm oder Wall gemäß Bauweise E nach MTSE
- Bettungssand unter Pflaster oder unter Plattenbelägen
- Deckschicht ohne Bindemittel
- ToB, Baugrundverbesserung, Bodenverfestigung, Unterbau bis 1,0 m Dicke ab Planum sowie Verfüllung von Baugruben und Leitungsgräben unter Deckschicht ohne Bindemittel
- Bauweisen 13 unter Plattenbelägen
- Bauweisen 13 unter Pflaster
- Hinterfüllung von Bauwerken oder Böschungsbereich von Dämmen unter durchwurzelbarer Bodenschicht sowie Hinterfüllung analog zu Bauweise E des MTSE
- Dämme und Schutzwälle ohne Maßnahmen nach MTSE unter durchwurzelbarer Bodenschicht

*Anlage 3 ErsatzbaustoffV*

Die 17 bahnspezifischen Einbauweisen in Anlage 3 ErsatzbaustoffV lauten:

- B1 Schotteroberbau der Bahnbauweise Standard Damm
- B2 Schotteroberbau der Bahnbauweise Standard Einschnitt
- B3 Schotteroberbau der Bahnbauweise H
- B4 Schotteroberbau der Bahnbauweise H modifiziert

- B5 Planumsschutzschicht (PSS, KG 1) der Bahnbauweise Standard Damm
- B6 Planumsschutzschicht (PSS, KG 1) der Bahnbauweise Standard Einschnitt
- B7 Planumsschutzschicht (PSS, KG 1) der Bahnbauweise H
- B8 Planumsschutzschicht (PSS, KG 1) der Bahnbauweise H modifiziert
- B9 Frostschutzschicht (FSS, KG 2) der Bahnbauweise H
- B10 Frostschutzschicht (FSS, KG 2) der Bahnbauweise H modifiziert
- B11 Spezielle Bodenschicht der Bahnbauweise H
- B12 Unterbau (Damm) der Bahnbauweise Standard Damm
- B13 Unterbau (Damm) der Bahnbauweise Standard Einschnitt
- B14 Unterbau (Damm) der Bahnbauweise H
- B15 Unterbau (Damm) der Bahnbauweise H modifiziert
- B16 Frostschutzschicht (FSS, KG 2) der Bahnbauweise Feste Fahrbahn
- B17 Unterbau (Damm) der Bahnbauweise Feste Fahrbahn
- B18 Frostschutzschicht (FSS, KG 2) der Bahnbauweise Feste Fahrbahn mit Randwegabdichtung oberhalb der FSS

- B19 Unterbau (Damm) der Bahnbauweise Feste Fahrbahn mit Randwegabdichtung
- B20 Frostschutzschicht (FSS, KG 2) unterhalb Planumsschutzschicht (PSS) bzw. PSS der Bahnbauweise E 1
- B21 Unterbau (Damm) der Bahnbauweise E 1 mit Dichtungselement auf dem Planum
- B22 Tragschicht als witterungsunempfindliches Dichtungselement der Bahnbauweise E 2
- B23 Unterbau (Damm) der Bahnbauweise E 2
- B24 Planumsschutzschicht (PSS) und Unterbau (Damm) der Bahnbauweise E 3a
- B25 Planumsschutzschicht (PSS) der Bahnbauweise E 3b
- B26 Unterbau (Damm) der Bahnbauweise E 3b

Die Prüfung auf die Zulässigkeit des Einsatzes von mineralischen Ersatzbaustoffen in technischen Bauwerken erstreckt sich auch auf Ortskenntnisse:

- Kenntnis über die Eigenschaft der Grundwasserdeckschicht und
- Kenntnis, ob das technische Bauwerk innerhalb oder außerhalb von Wasserschutzbereichen liegt

*Wasserschutzbereiche*  Hinzu kommen Wasserschutzbereiche, die die ErsatzbaustoffV definiert:

- Wasserschutzgebiete der Klassen I, II, III, III A und III B, Heilquellenschutzgebiete der Klassen I, II, III und IV sowie Wasservorranggebiete

- Die grundwasserfreie Sickerstrecke ist definiert als der Abstand zwischen der Unterkante des unteren Einbauhorizonts des mineralischen Ersatzbaustoffs und dem höchsten zu erwartenden Grundwasserstand. Bei der Einstufung in die nach Anlage 2 ErsatzbaustoffV festgelegten Konfigurationen der Grundwasserdeckschicht wird der grundwasserfreien Sickerstrecke ein **Sicherheitsabstand von 0,5 m** zugeschlagen.

- Als höchster zu erwartender Grundwasserstand (HZEGW) gilt der höchste gemessene oder aus Messdaten abgeleitete sowie von nicht dauerhafter Grundwasserabsenkung unbeeinflusste Grundwasserstand, § 2 Satz 1 Nr. 35 ErsatzbaustoffV. Trotz des Wortlauts stellt der HZEGW nicht auf den jemals höchsten gemessenen Grundwasserstand ab. Extreme Starkregen- oder Hochwasserereignisse können zu Grundwasserhöchstständen führen, die erheblich über dem zu erwartenden Durchschnitt liegen. Es empfiehlt sich daher, als Bemessungsgrundlage den Grundwasserstand heranzuziehen, der statistisch gesehen nur alle **zehn Jahre** überschritten wird. Voraussetzt, die erforderlichen Messungen oder hydrologischen Berechnungen liegen vor. Angaben zum HZEGW können bodenkundlichen Untersuchungen, Baugrunduntersuchungen, Kartenwerken oder Geoinformationssystemen sowie behördlichen Festsetzungen entnommen werden.[1]

- In den Einbautabellen der Anlage 2 ErsatzbaustoffV werden die Konfigurationen der Grundwasserdeck-

---

[1] BR-Drs. 494/21, S. 262.

schichten unterschieden in „ungünstig", „günstig – Sand" und „günstig – Lehm/Schluff/Ton".

- Innerhalb von Wasserschutzbereichen sind die Einsatzmöglichkeiten von mineralischen Ersatzbaustoffen nur bei günstigen Eigenschaften der Grundwasserdeckschichten zulässig.

Bei allen Einbauweisen der Tabellen ist berücksichtigt, dass bei Straßen im Bankett- und Böschungsbereich eine Durchsickerung stattfindet.

### 2.2.7 Zusätzliche Anforderungen an den Einbau bestimmter mineralischer Ersatzbaustoffe

Bauherren dürfen mineralische Ersatzbaustoffe oder Gemische in technische Bauwerke nur einbauen, wenn nachteilige Veränderungen der Grundwasserbeschaffenheit und schädliche Bodenveränderungen gemäß ErsatzbaustoffV verhindert werden. Dazu müssen die Anforderungen zur Güteüberwachung und Untersuchungen eingehalten werden, und der Einbau darf nur in den zulässigen Einbauweisen nach Anlage 2 oder 3 ErsatzbaustoffV erfolgen. Für Gemische gilt, dass darin enthaltene Ersatzbaustoffe einzeln zu betrachten sind. Gemische dürfen auch nur zur Verbesserung der bautechnischen Eigenschaften hergestellt werden.

*Wasserschutzgebiete*  In Wasserschutzgebieten der Zone I sowie in Heilquellenschutzgebieten der Zone I ist ihr Einbau unzulässig. In Wasserschutzgebieten der Zone II sowie in Heilquellenschutzgebieten der Zone II dürfen nur die nachstehenden mineralischen Ersatzbaustoffe in technische Bauwerke eingebaut werden:

- Bodenmaterial und Baggergut der Klasse 0 (BM-/BG-0)
- Schmelzkammergranulat (SKG)
- Gleisschotter der Klasse 0 (GS-0) sowie
- Gemische mit den vorgenannten mineralischen Ersatzbaustoffen

Ist in einem Wasserschutzgebiet keine Zone II ausgewiesen, gelten in einem Radius von **1.000 m** um die Wasserfassung die Regelungen des vorigen Absatzes für BM-/BG-0, SKG und GS-0. Der Einbau mineralischer Ersatzbaustoffe in Wasserschutzgebieten der Zone III A und Zone III B, in Heilquellenschutzgebieten der Zonen III und IV sowie in Wasservorranggebieten darf nur in der jeweils zulässigen Einbauweise nach den Anlage 2 und 3 ErsatzbaustoffV erfolgen. Ist in einem Wasserschutzgebiet nur eine Zone III ausgewiesen, sind die Regelungen der Zone III A anzuwenden.

Es gibt noch eine Vielzahl von Regelungen zu besonders empfindlichen Gebieten, zu Karstgebieten oder solchen Gebieten mit **stark klüftigem, besonders wasserwegsarmem Untergrund**, in denen der Einbau von mineralischen Ersatzbaustoffen in technische Bauwerke unzulässig ist. Wird die Grundwasserdeckschicht künstlich hergestellt, bedarf dies der Zustimmung der zuständigen Behörde. Eine günstige Eigenschaft der Grundwasserdeckschicht im Sinne von Anlage 2 oder 3 ErsatzbaustoffV liegt vor, wenn am jeweiligen Einbauort die grundwasserfreie Sickerstrecke **mehr als 1,0 m** zuzüglich eines **Sicherheitsabstands von 0,5 m** beträgt.

*Grundwasserdeckschicht*  Eine ungünstige Eigenschaft der Grundwasserdeckschicht liegt für die Materialklassen

- Recyclingbaustoffe der Klasse 1 (RC-1),

- Bodenmaterial und Baggergut der Klasse 0* (BM-/BG-0*),

- Bodenmaterial und Baggergut mit bis zu 50 Vol.-% mineralischer Fremdbestandteil der Klasse F1 (BM-/BG-F1),

- Gleisschotter der Klasse 0 (GS-0),

- Gleisschotter der Klasse 1 (GS-1),

- Stahlwerksschlacke der Klasse 1 (SWS-1),

- Kupferhüttenmaterial der Klasse 1 (CUM-1),

- Hochofenstückschlacke der Klasse 1 (HOS-1),

- Hüttensand (HS) sowie

- Schmelzkammergranulat aus der Schmelzfeuerung von Steinkohle (SKG)

vor, wenn die grundwasserfreie Sickerstrecke **mindestens 0,1 bis 1,0 m** beträgt.

Bei den anderen geregelten Materialklassen liegt eine ungünstige Eigenschaft der Grundwasserdeckschicht vor, wenn die grundwasserfreie Sickerstrecke **0,5 bis 1,0 m** zuzüglich eines **Sicherheitsabstands von 0,5 m** beträgt.

Wälle und Dämme mit technischen Sicherungsmaßnahmen nach den Einbauweisen 9 und 10 der Anlage 2 ErsatzbaustoffV sind gemäß FGSV-Merkblatt über Bauweisen für technische Sicherungsmaßnahmen beim Einsatz von Böden und Baustoffen mit umweltrelevanten Inhaltsstoffen im Erdbau (M TS E), Ausgabe 2017, zu planen, zu erstellen und zu kontrollieren. Der Bauherr oder der Verwender hat baubegleitend die technischen Sicherungsmaßnahmen prüfen zu lassen. Die Prüfstellen müssen bestimmte Anerkennungen gemäß FGSV-Richtlinien für die Anerkennung von Prüfstellen für Baustoffe und Baustoffgemische im Straßenbau (RAP Stra 15), Ausgabe 2015, nachweisen.

Für die folgenden Ersatzbaustoffe bestehen **Mindesteinbaumengen**

*Mindesteinbaumengen*

von **mindestens 250 m$^3$** für

- Hausmüllverbrennungsasche der Klasse 2 (HMVA-2),
- Stahlwerksschlacke der Klasse 2 (SWS-2) und
- Kupferhüttenmaterial der Klasse 2 (CUM-2) sowie

von **mindestens 50 m$^3$** für

- Braunkohlenflugasche (BFA),
- Steinkohlenkesselasche (SKA),
- Steinkohlenflugasche (SFA),
- Hausmüllverbrennungsasche der Klasse 1 (HMVA-1),
- Stahlwerksschlacke der Klasse 1 (SWS-1),

- Hochofenstückschlacke der Klasse 2 (HOS-2),
- Kupferhüttenmaterial der Klasse 1 (CUM-1),
- Gießereirestsand (GRS) und
- Gießerei-Kupolofenschlacke (GKOS).

Sind diese mineralischen Ersatzbaustoffe Teil eines Gemisches, ist für jeden mineralischen Ersatzbaustoff die jeweilige Mindesteinbaumenge einzuhalten.

### 2.2.8 Behördliche Entscheidungen

Können die Anforderungen der §§ 19 und 20 ErsatzbaustoffV eingehalten werden, bedürfen diese Einbaumaßnahmen **keiner** Erlaubnis nach § 8 Abs. 1 Wasserhaushaltsgesetz (WHG). Wie immer im behördlichen Handeln, können der Bauherr oder der Verwender bei der zuständigen Behörde Einbauweisen beantragen, die nicht in Anlage 2 oder 3 ErsatzbaustoffV aufgeführt sind, wenn nachteilige Veränderungen der Grundwasserbeschaffenheit und schädliche Bodenveränderungen vermieden werden. Das gilt auch für den Einsatz von Stoffen oder Materialklassen in technischen Bauwerken, die nicht in der ErsatzbaustoffV geregelt sind.

In Gebieten, in denen die Hintergrundwerte im Grundwasser naturbedingt oder siedlungsbedingt einen oder mehrere Eluatwerte oder den Wert der elektrischen Leitfähigkeit der Anlage 1 Tab. 3 ErsatzbaustoffV für Bodenmaterial der Klasse F0* (BM-F0*) überschreiten oder außerhalb der pH-Bereiche nach Anlage 1 Tab. 3 ErsatzbaustoffV für Bodenmaterial der Klasse F0* (BM-F0*) liegen, kann die zuständige Behörde das Gebiet bestimmen und dafür oder für bestimmte Einbaumaßnahmen höhere Materialwerte für Bodenmaterial festlegen, wenn das einzubauende Bodenmaterial aus diesen Gebieten stammt. Dabei darf der Einbau des Bodenmaterials nicht dazu führen, dass die Stoffkonzentrationen im Grundwasser über die Hintergrundwerte hinaus erhöht werden. Ähnliche Regelungen gelten für Gebiete, in denen naturbedingt oder siedlungsbedingt ein oder mehrere Feststoffwerte der Anlage 1 Tab. 3 ErsatzbaustoffV für Bodenmaterial der Klasse F0* (BM-F0*) im Boden flächenhaft überschritten werden. Auch hier kann die zuständige Behörde das Gebiet bestimmen und für bestimmte Einbauweisen höhere Materialwerte für Bodenmaterial, das aus diesem Gebiet stammt, festlegen oder im Einzelfall zulassen. Höhere Materialwerte sind von der zuständigen Behörde so zu bemessen, dass sich die stoffliche Situation in diesem Gebiet nicht nachteilig verändert. Sie gelten in räumlich abgegrenzten Industriestandorten entsprechend für Bodenmaterial, das einen oder mehrere Feststoffwerte der Anlage 1 Tab. 3 ErsatzbaustoffV für Bodenmaterial der Klasse F0* (BM-F0*) überschreitet und am Herkunftsort oder in dessen räumlichem Umfeld unter vergleichbaren geologischen und hydrogeologischen Bedingungen in ein technisches Bauwerk eingebaut werden soll. Diese Gebiete und Standorte können von der zuständigen Behörde im Einzelfall der Bewertung zugrunde gelegt oder allgemein festgelegt werden.

## 2.2.9 Anzeige- und Mitteilungspflichten zum Einbau und Rückbau mineralischer Ersatzbaustoffe

*Vier Wochen vor Beginn des Einbaus*

Der Einbau von mineralischen Ersatzbaustoffen oder Gemischen ist der zuständigen Behörde vom Verwender **vier Wochen** vor Beginn des Einbaus schriftlich oder elektronisch nach der Mustervoranzeige in Anlage 8 ErsatzbaustoffV anzuzeigen, wenn das Gesamtvolumen für die folgenden mineralischen Ersatzbaustoffe **mindestens 250 m$^3$** beträgt:

- Baggergut der Klasse F3 (BG-F3)
- Bodenmaterial der Klasse F3 (BM-F3)
- Recyclingbaustoff der Klasse 3 (RC-3)

Ganz allgemein ist der Einbau mineralischer Ersatzbaustoffe und ihrer Gemische in festgesetzten Wasserschutzgebieten und Heilquellenschutzgebieten der zuständigen Behörde vom Verwender ebenfalls **vier Wochen** vor Beginn des Einbaus schriftlich oder elektronisch nach dem Muster der Anlage 8 ErsatzbaustoffV mit folgenden Angaben voranzuzeigen:

- Bezeichnung und Lage der Baumaßnahme
- Bauherr
- Verwender, sofern dieser nicht selbst Bauherr ist
- Bezeichnung des mineralischen Ersatzbaustoffs sowie der Materialklasse und bei Gemischen die Benennung der einzelnen in dem Gemisch enthaltenen mineralischen Ersatzbaustoffe sowie deren Materialklassen

- Masse und Volumen des einzubauenden mineralischen Ersatzbaustoffs oder der in einem Gemisch enthaltenen mineralischen Ersatzbaustoffe

- Nummer und Bezeichnung der Einbauweise nach Anlage 2 oder 3 ErsatzbaustoffV und bei den Einbauweisen 9, 10 und 16 der Anlage 2 ErsatzbaustoffV die Beschreibung der geplanten Deckschichten oder technischen Sicherungsmaßnahmen

- Angaben zu dem höchsten zu erwartenden Grundwasserstand (HZEGW)

- Mächtigkeit und Bodenart der Grundwasserdeckschicht

- Lage der Baumaßnahme im Hinblick auf Wasserschutz-, Heilquellenschutz- oder Wasservorranggebiete nach den Spalten 4 bis 6 der Anlage 2 oder 3 ErsatzbaustoffV und

- Lageskizze des geplanten Einbauorts

Die tatsächlich eingebauten Mengen und Materialklassen der verwendeten mineralischen Ersatzbaustoffe sind bei Ersatzbaustoffen, die einer Voranzeige bedürfen, zu ermitteln und der zuständigen Behörde unverzüglich schriftlich oder elektronisch innerhalb von **zwei Wochen** nach Ende der Baumaßnahme durch den Verwender mit der Abschlussanzeige gemäß Anlage 8 ErsatzbaustoffV zu übermitteln. Weitere Verpflichtungen ergeben sich aus der Vor- und der Abschlussanzeige für den Verwender, den Bauherrn und den Grundstückseigentümer nach Abschluss der gesamten Baumaßnahme.

Kommt das Ende der bestimmungsgemäßen Nutzung eines technischen Bauwerks, ist der zuständigen Behörde der Zeitpunkt des Rückbaus des Bauwerks durch den Verwender innerhalb **eines Jahres** mitzuteilen.

*Ersatzbaustoffkataster*

Die Verwendung anzeigepflichtiger mineralischer Ersatzbaustoffe wird von der zuständigen Behörde in einem Ersatzbaustoffkataster dokumentiert, § 23 ErsatzbaustoffV. In das Kataster sind die Angaben der Vor- und der Abschlussanzeige aufzunehmen.

### 2.2.10 Getrennte Sammlung und Verwertung von mineralischen Abfällen aus technischen Bauwerken

**Erzeuger und Besitzer** haben die in der ErsatzbaustoffV genannten mineralischen Stoffe und Gemische, die als Abfälle bei Rückbau, Sanierung oder Reparatur technischer Bauwerke anfallen, untereinander und von Abfällen aus Primärbaustoffen getrennt zu sammeln, zu befördern und vorrangig der Vorbereitung zur Wiederverwendung oder dem Recycling zuzuführen. Können diese Abfälle nicht unmittelbar eingesetzt werden, sind diese Abfallfraktionen einer geeigneten Aufbereitungsanlage zuzuführen. Wie immer ist es möglich, Abweichungen zu treffen, wenn die getrennte Sammlung der Abfallfraktionen technisch nicht möglich oder wirtschaftlich nicht zumutbar ist. Ausnahmen sind zu dokumentierten und aufzubewahren. Technisch nicht möglich ist die getrennte Sammlung insbesondere dann, wenn für eine Aufstellung der Abfallbehälter für die getrennte Sammlung nicht genug Platz zur Verfügung steht. Die getrennte Sammlung der betreffenden Abfallfraktionen ist dann wirtschaftlich nicht zumutbar, wenn die Kosten für die getrennte Sammlung, insbesondere aufgrund einer hohen Verschmutzung oder einer sehr geringen Menge der jeweiligen Abfallfraktion, außer Verhältnis zu den Kosten für eine gemischte Sammlung stehen. Kosten, die durch technisch mögliche und wirtschaftlich zumutbare Maßnahmen des selektiven Rückbaus hätten vermieden werden können, sind bei der Prüfung der wirtschaftlichen Zumutbarkeit nicht zu berücksichtigen.

Die Wiederverwendung der getrennt gesammelten mineralischen Ersatzbaustoffe in einem technischen Bauwerk ist möglich, wenn diese nach der Art des mineralischen Ersatzbaustoffs sowie seiner Materialklasse eindeutig bestimmt wurden. Daher können auch Recyclingbaustoffe gemeinsam mit gleichartigen Abfallfraktionen aus Primärbaustoffen gesammelt und befördert werden.

**Untersuchungspflicht für Erzeuger und Besitzer von nicht aufbereitetem Bodenmaterial und nicht aufbereitetem Baggergut**

Erzeuger und Besitzer haben nicht aufbereitetes Bodenmaterial und nicht aufbereitetes Baggergut unverzüglich nach dem Aushub oder dem Abschieben auf die erforderlichen Parameter der Anlage 1 Tab. 3 ErsatzbaustoffV von einer Untersuchungsstelle untersuchen zu lassen. Liegen Erkenntnisse einer **In situ-Untersuchung** vor, können diese verwendet werden, sofern sich die Beschaffenheit des Bodens zum Zeitpunkt des Aushubs oder des Abschiebens nicht verändert hat. Liegen Erkenntnisse vor, die wegen der Herkunft oder bisherigen Nutzung Hinweise auf Belastungen mit in Anlage 1 Tab. 4 ErsatzbaustoffV genannten Schadstoffen

*In situ-Untersuchung*

schließen lassen, sind diese Schadstoffe durch den Erzeuger oder Besitzer untersuchen zu lassen.

Der Erzeuger oder Besitzer hat nicht aufbereitetes Bodenmaterial und nicht aufbereitetes Baggergut unverzüglich nach der Bewertung der Untersuchungsergebnisse in eine der in Anlage 1 Tab. 3 ErsatzbaustoffV genannten Materialklassen einzuteilen. Liegen weitere Parameter aus der Untersuchung auf nicht in Anlage 1 Tab. 4 ErsatzbaustoffV genannte Parameter vor, legt ein Sachverständiger gem. § 18 Bundes-Bodenschutzgesetz (BBodSchG) oder eine **Person mit vergleichbarer Sachkunde** mit Zustimmung der zuständigen Behörde die jeweilige Materialklasse aufgrund der Untersuchungsergebnisse fest.

*Sachkunde*

Erzeuger oder Besitzer haben das Probenahmeprotokoll, die Untersuchungsergebnisse und die Bewertung der Untersuchungsergebnisse sowie die Klassifizierung unverzüglich zu dokumentieren und die Dokumente **fünf Jahre** lang aufzubewahren. Die Dokumente sind auf Verlangen der zuständigen Behörde vorzulegen.

### Zwischenlager

Der Betreiber eines Zwischenlagers, der nicht aufbereitetes Bodenmaterial oder nicht aufbereitetes Baggergut annimmt, ist verpflichtet, eine Annahmekontrolle entsprechend der ErsatzbaustoffV durchzuführen – mit der Maßgabe, dass die Eluat- und Feststoffwerte für Bodenmaterial anzuwenden sind. Will der Betreiber eines Zwischenlagers Bodenmaterial oder Baggergut in Verkehr bringen, hat er es von einer Untersuchungsstelle untersuchen zu lassen. Die Pflichten und Anforderungen an die Probenahme und Untersuchung, Bewertung der Untersuchungsergebnisse, Klassifizierung sowie Dokumentation sind entsprechend. Die Menge des jeweils auf Grundlage einer Untersuchung in Verkehr gebrachten Bodenmaterials oder Baggerguts darf **3.000 m³** nicht überschreiten.

## 2.2.11 Lieferschein, Deckblatt und Dokumentation

Die Dokumentation ist ein wesentliches Anliegen der ErsatzbaustoffV und soll den Verbleib eines mineralischen Ersatzbaustoffs oder Gemisches vom erstmaligen Inverkehrbringen bis zum Einbau in ein technisches Bauwerk erfassen. Spätestens bei der Anlieferung hat der Betreiber einen Lieferschein gemäß Anlage 7 ErsatzbaustoffV mit folgenden Angaben auszustellen:

- Name des Inverkehrbringers

- Bezeichnung des mineralischen Ersatzbaustoffs sowie der Materialklasse und bei Gemischen die Benennung der einzelnen in dem Gemisch enthaltenen mineralischen Ersatzbaustoffe sowie deren Materialklassen

- bei Abfällen die Abfallschlüssel gemäß Abfallverzeichnisverordnung,

- Überwachungsstelle oder Untersuchungsstelle

- Angaben über die Einhaltung von in den Fußnoten der jeweiligen Einbautabelle für bestimmte Einbauweisen nach Anlage 2 oder 3 ErsatzbaustoffV genannten Anforderungen

- die Liefermenge in Tonnen und das Abgabedatum

- die Lieferkörnung oder Bodengruppe und
- den Beförderer

Der Betreiber der Aufbereitungsanlage hat den ausgefüllten Lieferschein zu unterschreiben und dem Beförderer und dieser dem Verwender zu übergeben. Der Verwender fügt die Lieferscheine zusammen und hat sie mit einem Deckblatt nach dem Muster in Anlage 8 ErsatzbaustoffV zu dokumentieren. Das Deckblatt muss folgende Angaben enthalten:

- Name des Verwenders
- Namen des Bauherrn, sofern dieser nicht selbst Verwender ist
- Datum der Anlieferungen
- Lageskizze des Einbauorts bzw. der Baumaßnahme
- Bezeichnung der Einbauweisen nach Anlage 2 oder 3 ErsatzbaustoffV unter Angabe der jeweiligen Nummer
- Bodenart der Grundwasserdeckschicht wie „Sand" oder „Lehm, Schluff oder Ton"
- Angaben zu dem höchsten zu erwartenden Grundwasserstand (HZEGW) im Hinblick auf die Eigenschaft „günstig" oder „ungünstig" nach Anlage 2 oder 3 ErsatzbaustoffV und
- Lage der Baumaßnahme im Hinblick auf Wasserschutzgebiete, Heilquellenschutzgebiete oder Wasservorranggebiete nach den Spalten 4 bis 6 Anlage 2 oder 3 ErsatzbaustoffV

Der Lieferschein kann für Bodenmaterial und Baggergut der Klassen 0, 0* und F0* (BM-/BG-0, BM-/BG-0*, BM-/

BG-F0*) sowie Schmelzkammergranulat SKG entfallen, wenn die Gesamtmenge des Einbaus **200 t** nicht überschreitet.

Der **Verwender** hat das Deckblatt unverzüglich nach Abschluss der Einbaumaßnahme zu unterschreiben und dieses mit den Lieferscheinen dem Bauherrn zu übergeben. Der **Bauherr** hat das Deckblatt und die Lieferscheine unverzüglich nach Abschluss der gesamten Baumaßnahme dem Grundstückseigentümer zu übergeben.

*Deckblatt und Lieferscheine werden nach Abschluss der gesamten Baumaßnahme dem Grundstückseigentümer übergeben*

Der **Betreiber** der Aufbereitungsanlage oder der **Inverkehrbringer** von nicht aufbereitetem Bodenmaterial oder nicht aufbereitetem Baggergut bewahrt die Lieferscheine als Durchschrift oder Kopie ab der Ausstellung **fünf Jahre** lang auf. Der **Grundstückseigentümer** hat das Deckblatt und die Lieferscheine so lange aufzubewahren, wie der Ersatzbaustoff **eingebaut** ist. Diese Unterlagen sind der zuständigen Behörde auf deren Verlangen vorzulegen.

## 2.2.12 Abfallende

Das Bayerische Landesamt für Umwelt hat in seinen FAQ: Ersatzbaustoffverordnung (ErsatzbaustoffV), Stand: 08.2023, umfangreiche Vorgaben für das Erreichen des Abfallendes auf Grundlage von § 5 Abs. 1 KrWG gemacht:

„*(1) Die Abfalleigenschaft eines Stoffes oder Gegenstandes endet, wenn dieser ein Recycling oder ein anderes Verwertungsverfahren durchlaufen hat und so beschaffen ist, dass*

1. *er üblicherweise für bestimmte Zwecke verwendet wird,*
2. *ein Markt für ihn oder eine Nachfrage nach ihm besteht,*
3. *er alle für seine jeweilige Zweckbestimmung geltenden technischen Anforderungen sowie alle Rechtsvorschriften und anwendbaren Normen für Erzeugnisse erfüllt sowie*
4. *seine Verwendung insgesamt nicht zu schädlichen Auswirkungen auf Mensch oder Umwelt führt."*

Demnach müssen mineralische Ersatzbaustoffe zum Erreichen des Abfallendes ein Verwertungsverfahren durchlaufen haben – mit dem Ziel einer konkreten Verwendung. Der mineralische Ersatzbaustoff muss für die Verwendung technisch geeignet sein und die erforderlichen Umweltkriterien erfüllen. Zudem muss für den Ersatzbaustoff ein gesicherter Markt bestehen.

Liegen die genannten Voraussetzungen vor, kann der Hersteller das Ende der Abfalleigenschaft für seine Materialien selbstständig erklären. Der Hersteller trägt damit das Risiko. Im Gegenzug ist er hinsichtlich der Auswahl der Materialien nicht beschränkt, solange es sich um Materialklassen gemäß der ErsatzbaustoffV handelt und die weiteren Anforderungen der Verordnung eingehalten werden. Dazu zählen insbesondere die in der ErsatzbaustoffV vorgesehenen Einbauweisen.

## 2.2 Ersatzbaustoffverordnung

> **!** Formal handelt es sich bei den bayerischen Ausführungen um die zulässige Auslegung von deutschlandweit gültigem Bundesrecht. Die entsprechende Argumentation ist damit nicht auf Bayern begrenzt, sondern kann auch in anderen Bundesländern zum Tragen kommen.

Das Bundesministerium für Umwelt, Naturschutz, nukleare Sicherheit und Verbraucherschutz hat am 29.12.2013 ein Eckpunktepapier zur Abfallende-Verordnung für bestimmte mineralische Ersatzbaustoffe, Stand: 28.12.2023, veröffentlicht. Die dort getroffenen Festlegungen bleiben hinter dem bayerischen Modell zurück. Das Erreichen des Abfallendes ist nur für die Materiaklassen BM-0, BM-0*, BM-F0, GS-0, RC-1 sowie ZM vorgesehen. Es bleibt abzuwarten, wie die betroffenen Verbände auf das Eckpunktepapier reagieren und ob es noch zu Nachbesserungen kommen wird. Entscheidend ist, ob den Ländern nach einem Inkrafttreten der Abfallende-Verordnung der Spielraum verbleibt, eigenständige Lösungen für nicht dort geregelte Materialklassen anzuerkennen.

*Eckpunktepapier zur Abfallende-Verordnung*

*Stand: 28.12.2023*

## 2.2
Ersatzbaustoffverordnung

## 2.3 TL Gestein-StB

### 2.3.1 Allgemeines

Anforderungen an rezyklierte Gesteinskörnungen, die zum Einsatz im Straßenbau vorgesehen sind, werden durch die Forschungsgesellschaft für Straßen- und Verkehrswesen in den Technischen Lieferbedingungen für Gesteinskörnungen im Straßenbau (TL Gestein-StB)[1] festgelegt. Durch das Allgemeine Rundschreiben Straßenbau des Bundesministeriums für Digitales und Verkehr, das sich an die Obersten Straßenbaubehörden der Länder und die Autobahn GmbH des Bundes richtet, wird um deren Einführung für den Bereich der Bundesfernstraßen durch die Länder gebeten und die Anwendung im Geltungsbereich der Länder (Staats- und Landesstraßen) empfohlen.

Für den Verantwortungsbereich der Autobahn GmbH mit dem Bund als alleinigem Gesellschafter führt der Bundesverkehrsminister die Regelungen qua Amt ein. Die Einführungserlasse der Länder enthalten häufig Ergänzungen oder Änderungen zu den FGSV-Regelwerken, die regionale Besonderheiten berücksichtigen sollen.

Die TL Gestein-StB setzt die europäisch harmonisierten Normen EN 12620 „Gesteinskörnungen für Beton", EN 13043 „Gesteinskörnungen für Asphalt und Oberflächenbehandlungen für Straßen, Flugplätze und andere

*TL Gestein-StB setzt die Normen EN 12620, EN 13043 und EN 13242 um*

---

[1] Die im nachfolgenden Text zitierten Normen und Regelwerke beziehen sich auf die aktuell eingeführten Ausgaben und Fassungen, wenn das Zitat keine Jahreszahl in Bezug auf Ausgabe und/oder Fassung beinhaltet.

Verkehrsflächen" und EN 13242 „Gesteinskörnungen für ungebundene und hydraulisch gebundene Gemische für den Ingenieur- und Straßenbau" für die verschiedenen Anwendungsbereiche um. Dazu werden die Kategorien aus den Europäischen Normen für die technischen Eigenschaften festgelegt, die für Anwendungen im bundesdeutschen Verkehrswegebau Relevanz haben, unabhängig davon, ob es sich um natürliche, industriell hergestellte oder rezyklierte Gesteinskörnungen handelt. Eingeführt durch das Allgemeine Rundschreiben Straßenbau Nr. 17/2023 vom 03.07.2023 vom Bundesministerium für Digitales und Verkehr ist die Ausgabe 2004 in der Fassung 2023 (TL Gestein-StB 04/23).

Während es bei den technischen Eigenschaften und Merkmalen i. d. R. keine unterschiedlichen Anforderungen und Nachweisverfahren zwischen natürlichen, industriell hergestellten oder rezyklierten Gesteinskörnungen gibt, müssen nicht natürliche Gesteinskörnungen national festgelegte Anforderungen und Nachweise an umweltrelevante Merkmale erfüllen, die bei natürlichen Gesteinskörnungen per se ohne entsprechenden Nachweis als erfüllt angesehen werden.

In Ziffer 2.4 der TL Gestein-StB „Umweltrelevante Merkmale" heißt es: *„Bei natürlichen Gesteinskörnungen [...] ist die Umweltverträglichkeit grundsätzlich gegeben. Deswegen erübrigen sich weitere Nachweise."* Mit Einführung der „Verordnung über Anforderungen an den Einbau von mineralischen Ersatzbaustoffen in technische Bauwerke" (Ersatzbaustoffverordnung oder kurz EBV) mussten die darin verankerten bundeseinheitlichen Regelungen für Nachweisverfahren und Anforderungen an die umweltrelevanten Merkmale von rezyklierten und industriell hergestellten Gesteinskör-

*Ersatzbaustoffverordnung*

nungen auch in die technischen Regelwerke der FGSV umgesetzt werden. Die Inhalte der EBV markieren die wesentlichen Neuerungen der jüngst veröffentlichten Fassung 2023 der TL Gestein-StB Ausgabe 2004.

## 2.3.2 Definitionen

Die TL Gestein-StB versteht unter **rezyklierter Gesteinskörnung** „Gesteinskörnung, die durch Aufbereitung anorganischen oder mineralischen Materials entstanden ist, das zuvor als Baustoff eingesetzt war. Hierzu zählt auch aufbereiteter Gleisschotter (GS)." Im Gegensatz zur Definition anderer Regelwerke, wie etwa der DIN 1045-2, können „*rezyklierte Gesteinskörnungen [...] auch aus Produktionsrückständen oder nicht konformen Produkten hergestellt werden, z. B. aus gebrochenem nicht verwendetem Beton*".

Die Ersatzbaustoffverordnung subsumiert RC-Baustoffe bzw. rezyklierte Gesteinskörnungen zusammen mit anderen mineralischen Abfällen wie Bodenmaterial oder Baggergut und industriellen Nebenprodukten unter dem Begriff mineralischer Ersatzbaustoff (MEB). Die Definition des MEB in der TL Gestein-StB 04/23 bezeichnet MEB als „*Mineralischen Baustoff, der als Abfall oder Nebenprodukt in Aufbereitungsanlagen hergestellt wird oder bei Baumaßnahmen [...] anfällt, unmittelbar oder nach Aufbereitung für den Einbau in technische Bauwerke geeignet und bestimmt ist und unmittelbar oder nach Aufbereitung unter die Stoffe [...] Recycling-Baustoff, Gleisschotter fällt*". Die Definition lässt den Interpretationsspielraum im Hinblick auf die Frage des Abfallendes zu, der derzeit auch rund um die EBV geführt wird. **Bleibt der mineralische Abfall oder das Ne-**

*Mineralische Abfälle nach Aufbereitung als Produkte gleichwertig einsetzbar*

*Mineralischer Ersatzbaustoff*

benprodukt aus der industriellen Produktion auch nach Behandlung in Aufbereitungsanlagen immer noch Abfall bzw. Nebenprodukt? Die TL Gestein-StB spricht von der „Abfallherstellung" in Aufbereitungsanlagen. Die Produzenten von RC-Baustoffen drängen darauf, dass mineralische Abfälle ihren Abfallstatus nach dem Aufbereitungsprozess und dem erforderlichen Gütenachweis im Hinblick auf technische und umweltrelevante Merkmale verlieren und als Produkte gleichwertig zu natürlichen Gesteinskörnungen einsetzbar sind. Eine entsprechende Abfallende-Verordnung soll 2024 bundeseinheitlich erscheinen. Einige Bundesländer haben hier bereits im Vorgriff für Klarheit gesorgt.

Weitere Definitionen in der TL Gestein-StB dienen dem Abgleich mit der EBV. So enthält das Regelwerk weiterführende „nationale" Begriffe: **Recyclingbaustoff** bzw. **RC-Baustoff** (EBV) wird mit rezyklierter Gesteinskörnung gleichgesetzt, allerdings unter Ausschluss von **aufbereitetem Gleisschotter**, der in der EBV als eigenständige Abfallart aufgeführt wird.

Als **RC-Gemische** werden Baustoffgemische aus rezyklierten Gesteinskörnungen und natürlichen und/oder industriell hergestellten Gesteinskörnungen bezeichnet, nicht zu verwechseln mit Gesteinskörnungsgemischen, die aus grober und feiner Gesteinskörnung bestehen. Rezyklierte Gesteinskörnungsgemische oder Gesteinskörnungsgemische aus rezyklierter Gesteinskörnung sind also nicht zu verwechseln mit RC-Gemischen.

## 2.3.3 Zusammensetzung

Neben technischen und umweltrelevanten Eigenschaften muss die stoffliche Zusammensetzung von **RC-Baustoffen** nach DIN 933-11 bestimmt und im Leistungsverzeichnis angegeben werden. Bei **aufbereitetem Gleisschotter** sind die gesteinskundlichen Merkmale in gleicher Weise wie bei natürlichen Gesteinskörnungen nach DIN 933-3 zu bestimmen und anzugeben. In Anlehnung an die europäischen Gesteinsnormen und die europäische Prüfnorm werden die enthaltenen Stoffe in der TL Gestein-StB 04/23, Anhang B, Tab. B.1, nachfolgenden Kategorien zugeordnet, die allerdings teilweise von den europäischen Vorgaben abweichen bzw. stärker differenzieren:

*DIN 933-11*

| Bestandteile | Kategoriezuordnung gemäß | |
|---|---|---|
| | TL Gestein-StB | Europäische Gesteinsnormen |
| Beton, Betonprodukte, Mauersteine aus Beton | $R_c$ | $R_c$ |
| Mörtel | $R_{bk}$ | |
| Hydraulisch gebundene Gesteinskörnung | $R_c$ | $R_u$ |
| Ungebundene Gesteinskörnung (Naturstein, Kies) | $R_u$ | |
| Kalksandstein, Klinker, Ziegel, Steinzeug | $R_b$ | $R_b$ |
| Nicht schwimmender Porenbeton | $R_{bm}$ | |
| Mineralische Leicht- und Dämmbaustoffe | | nicht definiert |
| Bitumengebundene Baustoffe | $R_a$ | Ra |
| Glas | $R_g$ | Rg |
| Nicht schwimmende Fremdstoffe wie z. B. Holz, Gummi, Kunststoffe | X | X |
| Eisen- und nichteisenhaltige Metalle | $X_i$ | |
| Gipshaltige Baustoffe | $R_y$ | |
| Schwimmendes Material | FL | FL |

*Tab. 2.3.3-1: Stoffliche Kennzeichnung von RC-Baustoffen und deren Zuordnung zu Kategorien*

Anforderungen an die stoffliche Zusammensetzung gelten für Korngrößen von 4,0 mm und größer. Dabei gibt es keine Anforderungen an den Massenanteil der Kategorien $R_c$ oder $R_u$. Dadurch unterscheidet sich die Verwendbarkeit von RC-Baustoffen im Straßenbau grundsätzlich von der Verwendbarkeit nach DIN 4226-101 für Beton mit rezyklierten Gesteinskörnungen. Bei Einhaltung der technischen und umweltrelevanten Merkmale können nach TL Gestein-StB zugelassene RC-Baustoffe mit einem Anteil von weniger als 30 M.-% an $R_{cu}$, also Betonbruch oder natürlichem Gestein, eingesetzt werden. Die Anforderungen an die stoffliche Zusammensetzung sind nachfolgender Tabelle zu entnehmen.

*RC-Baustoffe mit einem Anteil von weniger als 30 M.-% an $R_{cu}$*

| Bestandteile im Anteil > 4,0 mm | M.-% | Kategorie |
|---|---|---|
| Beton, Betonprodukte, Mauersteine aus Beton, hydraulisch gebundene Gesteinskörnung | Wert ist anzugeben | $R_{c\,NR}$ |
| Ungebundene Gesteinskörnung (Naturstein, Kies) | Wert ist anzugeben | $R_{u\,NR}$ |
| Kalksandstein, Klinker, Ziegel, Steinzeug | < 30 | $R_{b30-}$ |
| Mörtel und ähnliche Stoffe | < 5 | $R_{bk5-}$ |
| Mineralische Leicht- und Dämmbaustoffe, nicht schwimmender Poren- und Bimsbeton | < 1 | $R_{bm1-}$ |
| Bitumengebundene Baustoffe | < 30 | $R_{a30-}$ |
| Glas | < 5 | $R_{g5-}$ |
| Nicht schwimmende Fremdstoffe wie z. B. Holz, Gummi, Kunststoffe, Textilien, Pappe, Papier | < 0,2 | $X_{0,2-}$ |
| Gipshaltige Baustoffe | < 0,5 | $R_{y0,5-}$ |
| Metalle | < 2 | $X_{i2-}$ |
| Bestandteil | cm³/kg | |
| Schwimmendes Material | keine Anforderung | $FL_{NR}$ |

*Tab. 2.3.3-2: Anforderung an die stoffliche Zusammensetzung von RC-Baustoffen (Quelle: TL Gestein-StB)*

### 2.3.4 Anforderungen

**Technische Anforderungen**

Grundsätzlich müssen alle Gesteinskörnungen den für den jeweiligen Anwendungsbereich erforderlichen Leistungsumfang erfüllen, unabhängig von Gesteinsart, Herkunft oder Zusammensetzung. Insofern sind die in den einschlägigen Normenwerken angegebenen Kategorien auch von rezyklierten Gesteinskörnungen zu erfüllen. Bestimmte technische Merkmale sind sehr eng mit der Gesteinsart verbunden, etwa der Widerstand gegen Zertrümmerung. Anhang A.1 der TL Gestein-StB enthält Anhaltswerte für Schlagzertrümmerungswerte bzw. Los-Angeles-Koeffizienten und Schotterschlagwerte zur Prüfung an der Kornklasse 35,5/45. Die in Anhang A.1 angegebenen Werte dürfen von der dort jeweils aufgeführten Gesteinsart nicht überschritten werden. Für Recyclingbaustoffe gelten die in nachfolgender Tabelle aufgeführten oberen Grenzwerte in M.-%. Falls sich jedoch rezyklierte Gesteinskörnungen einer bestimmten Gesteinsart zuordnen lassen bzw. die stoffliche Zusammensetzung eine eindeutige Zuordnung zu einer Gesteinsart ermöglicht, dürfen die dieser Gesteinsart zugeordneten oberen Grenzwerte nicht überschritten werden. Im Falle überwiegender Anteile an Materialien $R_u$ oder $R_c$ sind also weitergehende Nachweise der Ausgangsmaterialien nach deren Gesteinsart erforderlich.

*Widerstand gegen Zertrümmerung*

| LA (10/14) | SZ (8/12,5) | SD (35,5/45) | LA 35/45 |
|---|---|---|---|
| ≤ 40 | ≤ 32 | ≤ 33 | ≤ 40 |

Tab. 2.3.4-1: Anforderungen an den Widerstand gegen Zertrümmerung für RC-Baustoffe; die Brauchbarkeit bei Nichteinhalten der Grenzwerte kann durch Gutachten oder positive Erfahrungen nachgewiesen werden.

**Umweltrelevante Anforderungen**

Durch das Inkrafttreten der sog. Mantelverordnung am 01.08.2023 ändern sich Nachweisverfahren und einzuhaltende Grenzwerte für rezyklierte Gesteinskörnungen je nach Einbauart und -ort. Anhang D der TL Gestein-StB listet die zulässigen Materialwerte für drei Materialklassen RC-Baustoffe (RC-1, RC-2, RC-3) sowie vier Materialklassen Gleisschotter (GS-0, GS-1, GS-2, GS-3) in Tabelle D.1 auf. Darüber hinaus sind in Tabelle D.2 sog. Überwachungswerte als Feststoffwerte bei Recyclingbaustoffen im Rahmen der Typprüfung und bei jeder zweiten Fremdüberwachung zu ermitteln. Einzelheiten zur Umsetzung der Ersatzbaustoffverordnung für Baustoffe des Straßenbaus enthält das Kapitel zur EBV.

### 2.3.5 Bewertung und Überprüfung der Leistungsbeständigkeit

*Bewertung und Überprüfung der Leistungsbeständigkeit gemäß System 2+*

Für rezyklierte Gesteinskörnungen sind die Bewertung und Überprüfung der Leistungsbeständigkeit ebenso wie für natürliche Gesteinskörnungen gemäß System 2+, so wie es die europäisch harmonisierten Gesteinskörnungsnormen vorsehen, zu führen. Der Hersteller hat dazu eine Typprüfung zur Feststellung der Übereinstimmung mit den festgelegten Anforderungen durchzuführen. Die Ergebnisse der Typprüfung bilden die Grundlage für die turnusmäßig durchzuführende werkseigene Produktionskontrolle. Diese unterscheidet sich im Hinblick auf die Güteüberwachung technischer Merkmale nicht von derjenigen natürlicher Gesteinskörnungen. Lediglich für den Anwendungsbereich ungebundene und hydraulisch gebundene Baustoffgemische nach DIN EN 13242 ist der Widerstand gegen Frostbeanspruchung zweimal pro Jahr nachzuweisen, während natürliche Gesteinskörnungen mindestens einmal alle zwei Jahre auf dieses Merkmal zu überprüfen sind.

*TL Gestein-StB in Anhang C*

Die zumeist diskontinuierliche Produktion mit Ausgangsmaterialien aus unterschiedlichen Bau- bzw. Abbruchmaßnahmen stellt besondere Anforderungen an die Herstellung gleichmäßiger Produkte im Rahmen der Aufbereitung. Diesem Umstand wird dadurch Rechnung getragen, dass zumindest die umweltrelevanten Merkmale von rezyklierten Gesteinskörnungen mengenbezogen und nicht (produktions)zeitbezogen festgelegt sind. Eine Abweichung von der mengenbezogenen Produktprüfung für die technischen Merkmale, wie sie die TL Gestein-StB in Anhang C vorgibt, gehen offensichtlich von einem großen Einfluss des Produktions- bzw. Aufbereitungsprozesses aus und weniger von den unterschiedlichen Qualitäten des Ausgangsmaterials. Eine entsprechende Homogenisierung auf ausreichend großen Lagerplätzen für angelieferten Bauschutt wird sich unter diesem Gesichtspunkt qualitätssteigernd auswirken und Abweichungen von den Prüfwerten verringern.

Die TL Gestein-StB legt Anforderungen an Gesteinskörnungen fest, die für ganz unterschiedliche Anwendungszwecke zu gebundenen oder ungebundenen Baustoffgemischen verarbeitet werden. Daraus ergeben sich unterschiedliche Anforderungen an die verwendeten Gesteinskörnungen, somit auch an zum Einsatz kommende rezyklierte Gesteinskörnungen. Im Folgenden werden die speziellen Anforderungen der unterschiedlichen Anwendungsregelwerke im Hinblick auf rezyklierte Gesteinskörnungen beschrieben.

## 2.4 Einsatz in ungebundenen Bauweisen

### 2.4.1 TL SoB-StB und TL G SoB-StB

Die „Technischen Lieferbedingungen für Baustoffgemische zur Herstellung von Schichten ohne Bindemittel im Straßenbau (TL SoB-StB)" gelten für die Lieferung von Baustoffgemischen im Oberbau von Straßen, Wegen und anderen Verkehrsflächen. Eingeführt durch Allgemeines Rundschreiben Straßenbau Nr. 24/2020 vom Bundesministerium für Verkehr und digitale Infrastruktur mit Datum 18.11.2020 ist die Ausgabe 2020 (TL SoB-StB 20). Auch in diesem Regelwerk wird festgeschrieben, dass die Anforderungen gleichermaßen für natürliche, industriell hergestellte und rezyklierte Baustoffe gelten. Bei den Definitionen von **RC-Baustoff** und **RC-Gemisch** wird auf die diesbezüglichen Festlegungen in den TL Gestein-StB verwiesen.

*Anforderungen für aufbereiteten Gleisschotter*

Der in der Fassung 2023 vorliegende Teil „Güteüberwachung" (TL G SoB-StB 20/23), eingeführt vom Bundesministerium für Digitales und Verkehr mit Allgemeinem Rundschreiben Straßenbau Nr. 16/2023 vom 30.06.2023, regelt Anforderungen an die Güteüberwachung auch für **aufbereiteten Gleisschotter**, sodass bei entsprechender Eignung von der Verwendbarkeit auszugehen ist.

## 2.4 Einsatz in ungebundenen Bauweisen

### Zusammensetzung

Verwendbare Baustoffgemische auf Basis von Sekundärquellen können aus RC-Baustoffen oder RC-Gemischen bestehen. Sie setzen sich somit entweder ausschließlich aus Bestandteilen, wie sie in Anhang B, Tabelle B.1, der TL Gestein-StB aufgeführt werden, zusammen oder aus nicht näher definierten Mischungsverhältnissen aus RC-Baustoffen und natürlichen und/oder industriell hergestellten Gesteinskörnungen. Die TL SoB-StB verwendet ausschließlich die Begrifflichkeiten RC-Baustoff oder RC-Gemisch, die in der Neufassung der TL Gestein-StB eindeutig definiert werden. Gleisschotter wäre nach der an die EBV angelehnten Definition von RC-Baustoff, wie ihn die TL Gestein-StB aufgegriffen hat, in der TL SoB-StB nicht definiert. Es ist aber davon auszugehen, dass in allen FGSV-Regelwerken, die den Einsatz von rezyklierten Gesteinskörnungen behandeln und vor Inkrafttreten der EBV veröffentlicht wurden, der Begriff des RC-Baustoffs aufbereiteten Gleisschotter umfasst.

*TL SoB-StB verwendet die Begrifflichkeiten RC-Baustoff oder RC-Gemisch*

### Technische Anforderungen

#### Einsatz in Schichten aus frostunempfindlichem Material und Frostschutzschichten

Während bei natürlichen Gesteinskörnungen und Hochofenstückschlacke i. d. R. kein Nachweis der **Widerstandsfähigkeit gegen Zertrümmerung** gefordert wird, wird für RC-Baustoffe auf die Festigkeitsanforderungen aus Anhang A der TL Gestein-StB verwiesen. Damit gelten die in Tabelle (Kap. 2.3.4) angegebenen Werte als obere Grenzen.

Einsatz in ungebundenen Bauweisen

Es gibt bei RC-Baustoffen Abweichungen beim Nachweis eines ausreichenden **Widerstands gegen Frostbeanspruchung** gegenüber natürlichen Gesteinskörnungen. Anhang E der TL Gestein-StB, der die Eigenschaften und geforderten Kategorien der Gesteinskörnungen für den Anwendungsbereich der TL SoB-StB auflistet, sieht für diese Eigenschaft Fangegeben vor. TL SoB-StB fordert ergänzend eine Begrenzung auf maximal 10 M.-% an Absplitterungen unter der Voraussetzung, dass im Befrostungsversuch an der Gesamtkörnung > 0,063 mm gemäß TP Gestein-StB, Teil 6.3.2, der entstandene Anteil < 0,063 mm 2 M.-% nicht übersteigt. Der gesamte Anteil < 0,063 mm, bestehend aus dem Anteil vor und nach dem Befrostungsversuch, darf dabei 5 M.-% nicht übersteigen, um dadurch die generell geforderte Kategorie *UF* 5 nicht zu übersteigen.

### Einsatz in Kies- und Schottertragschichten sowie in selbsterhärtenden Tragschichten

Die Festigkeitsanforderungen an RC-Baustoffe, die für Baustoffgemische in Schottertragschichten verwendet werden sollen, sind abweichend von den oberen Grenzwerten im Anhang A der TL Gestein-StB verschärft (TL SoB-StB, Z. 1.4.2, letzter Absatz). So sind die in nachfolgender Übersicht angegebenen Grenzwerte einzuhalten:

| LA (10/14) | SZ (8/12,5) | SD (35,5/45) | LA 35/45 |
|---|---|---|---|
| < 35 | < 28 | < 33 | < 36 |

Tab. 2.4.1-1: *Anforderungen an den Widerstand gegen Zertrümmerung für RC-Baustoffe für die Verwendung in Schottertragschichten*

## 2.4 Einsatz in ungebundenen Bauweisen

Abweichende Regelungen gelten auch für den Nachweis des Widerstands gegen Frostbeanspruchung. Für den Anwendungsbereich Kies- und Schottertragschichten ist eine Überschreitung der generell geforderten Kategorie $F_4$ bis zu 5 M.-% absolut zulässig. In diesem Fall darf der beim Frost-Tauwechselversuch entstandene Anteil < 0,71 mm allerdings maximal 1,0 M.-% betragen.

**Einsatz in Deckschichten ohne Bindemittel**
Zulässige Abweichungen beim Einsatz in Baustoffgemischen für Deckschichten ohne Bindemittel von den Anforderungen an natürliche Gesteinskörnungen beschränken sich auf die Festigkeitseigenschaften. Es gelten die gleichen Grenzwerte wie für RC-Baustoffe, die in Baustoffgemischen für Kies- und Schottertragschichten verwendbar sind.

Die Anforderungen an den Widerstand gegen Frostbeanspruchung unterscheiden sich nicht von denen an natürliche Gesteinskörnungen.

**Umweltrelevante Anforderungen**

In der TL SoB-StB wird für alle geregelten Einsatzbereiche auf die Regelungen zur Umweltverträglichkeit in den TL Gestein-StB verwiesen. Damit gelten für Baustoffgemische ebenfalls die Neuregelungen aus der Ersatzbaustoffverordnung, die seit dem 01.08.2023 verbindlich anzuwenden ist.

## Bewertung und Überprüfung der Leistungsbeständigkeit

Da die Herstellung von Baustoffgemischen zur Verwendung in o. g. Anwendungsbereichen nicht einer harmonisierten Technischen Spezifikation unterliegt, wird für die Bewertung und Überprüfung der Leistungsbeständigkeit kein System der Bauproduktenverordnung herangezogen. Typprüfung, Betriebsbeurteilung und Güteüberwachung basieren vielmehr auf den TL G SoB-StB, also einem eigenen Teil: Güteüberwachung. Entscheidender Unterschied zum System 2+ ist, dass im Rahmen der Fremdüberwachung Probenahmen und Produktprüfungen durch die externe Stelle vorgesehen sind. Anhang B der TL G SoB-StB enthält zu prüfende Eigenschaften und Prüfhäufigkeiten für die unterschiedlichen Anwendungsbereiche von Baustoffgemischen. Zusätzliche Nachweise fallen bei Verwendung von RC-Baustoffen bei den gemischspezifischen Eigenschaften an. Die Zusammensetzung der Baustoffgemische ist viermal im Jahr durch die Fremdüberwachung zu prüfen, und zudem ist der Widerstand gegen Frostbeanspruchung am Gemisch gemäß TP Gestein-StB, Teil 6.3.2, zu prüfen.

*Prüfung viermal im Jahr durch die Fremdüberwachung*

## 2.4.2 TL Pflaster-StB

Die aktuell gültigen Technischen Lieferbedingungen für Bauprodukte zur Herstellung von Pflasterdecken, Plattenbelägen und Einfassungen, TL Pflaster-StB 06, sind eingeführt vom Bundesministerium für Verkehr, Bau und Stadtentwicklung mit Allgemeinem Rundschreiben Straßenbau Nr.22/2006 am 29.08.2006.

## 2.4 Einsatz in ungebundenen Bauweisen

Für die Herstellung von Baustoffgemischen, die als Bettungs- oder Fugenmaterial nach TL Pflaster-StB eingesetzt werden sollen, können grundsätzlich rezyklierte Gesteinskörnungen (RC-Baustoff, Gleisschotter) nach Maßgabe der TL Gestein-StB und Güteüberwachung gemäß TL G SoB-StB verwendet werden. Darüber hinausgehende, von natürlichen Gesteinskörnungen abweichende Anforderungen sind nach Regelwerk nicht zu erfüllen bzw. nicht zugelassen.

### 2.4.3 TL Gab-StB

**Zusammensetzung**

*Sortenreinheit, wenn maximal 0,2 M.-% an Fremdstoffen*

Die aktuell gültige Ausgabe 2016 der Technischen Lieferbedingungen für Gabionen im Straßenbau (TL Gab-StB 16) wurde eingeführt durch das Bundesministerium für Verkehr und digitale Infrastruktur mit Allgemeinem Rundschreiben Straßenbau Nr. 12/2017 am 29.05.2027. Sie enthalten u. a. die Anforderungen an die Befüllmaterialien, mit denen die als Gabionen bezeichneten Steinkörbe aus Drahtmatten befüllt werden können. Auch für diesen Anwendungszweck gelten hinsichtlich der gesteinstechnischen Eigenschaften und der Anforderungen an die umweltrelevanten Merkmale grundsätzlich die Festlegungen der TL Gestein-StB. Was die Zusammensetzung von Recyclingbaustoffen anbelangt, so ist eine weitgehende Sortenreinheit gefordert, die lediglich aus den Stoffgruppen Beton bzw. Betonprodukte, aufbereitetem Gleisschotter oder gebrauchten natürliche Gesteinsmaterialien bestehen. Das Regelwerk geht von einer Sortenreinheit aus, wenn der verwendete RC-Baustoff zu mindestens 97 M.-% aus der angegebenen Stoffgruppe besteht und maximal 0,2 M.-% an Fremdstoffen enthält.

Insbesondere hinsichtlich der visuellen Erscheinung sind bei der Verwendung von RC-Baustoffen ggf. gesonderte Anforderungen zu vereinbaren.

## Technische Anforderungen

Abweichungen von technischen Anforderungen an natürliche Gesteinskörnungen werden ebenso wie in der TL Gestein-StB bei der **Kornfestigkeit** von RC-Baustoffen zugelassen. Für Korngrößen von $d \geq 32$ mm bis $D \leq 63$ mm (Grobkies) wird auf Anhang A der TL Gestein-StB und den dort geforderten Schotterschlagwert verwiesen. Eine alternative Bestimmung durch den Los-Angeles-Koeffizienten ist hier nicht vorgesehen. An Korngrößen $d \geq 63$ mm und $D \leq 250$ mm (Steine) ist die Druckfestigkeit nach DIN 1926 zu ermitteln. Dabei sind mindestens 10 Bohrkerne mit einem Durchmesser von mindestens 50 mm und einem Verhältnis von Durchmesser zu Höhe von 1 zu 1 bzw. 10 Würfel mit einer Kantenlänge von mindestens 50 mm zu prüfen. Der Mittelwert muss für Recyclingbaustoffe unabhängig von der Stoffgruppe mindestens 40 MPa betragen. Abweichungen bei der Bestimmung des Widerstands gegen Frostbeanspruchung oder Frost-Tausalz-Beanspruchung und den einzuhaltenden Grenzen gegenüber natürlichen Gesteinskörnungen sind nach TL Gab-StB nicht vorgesehen.

Für Befüllmaterialien aus reyzklierten Baustoffen ist eine Güteüberwachung gemäß TL G SoB-StB vorgeschrieben.

*Güteüberwachung gemäß TL G SoB-StB*

## 2.4.4 TL BuB E-StB

Neben der Wiederverwendung in den ungebundenen Schichten des Straßenoberbaus stellt der Einsatz von Recyclingbaustoffen im Erdbau den wichtigsten Verwertungsweg für aufbereitete mineralische Abfälle dar. Das aktuelle technische Regelwerk für den Einsatz im Erdbau sind die Technischen Lieferbedingungen für Böden und Baustoffe im Erdbau des Straßenbaus, deren aktuell gültige Ausgabe 2009 mit dem Allgemeinen Rundschreiben Straßenbau Nr. 8/2009 am 04.07.2009 vom Bundeministerium für Verkehr, Bau und Stadtentwicklung als TL BuB E-StB 09 eingeführt wurde.

**Definitionen**

Die TL BuB E-StB enthält erdbautechnische und umweltrelevante Anforderungen an Böden und Baustoffe, wobei beide Begriffe Einschränkungen unterzogen werden. Die TL BuB E-StB gilt nicht für Boden und Fels aus Gewinnungsbetrieben, Seitenentnahmen und solchen, die bei anderen Baumaßnahmen gewonnen werden.

Baustoffe im Sinne der TL BuB E-StB sind ausschließlich rezyklierte und industriell hergestellte Gesteinskörnungen und Gesteinskörnungsgemische sowie Materialien aus Bergbautätigkeit.

**Rezyklierte Baustoffe (RC-Baustoffe)** sind rezyklierte Gesteinskörnungen und **Gesteinskörnungsgemische** sowie **Böden mit einem Anteil an Fremdbestandteilen von mehr als 50 M.-%**.

## Zusammensetzung

Rezyklierte Gesteinskörnungen dürfen einen maximalen Anteil an Ausbauasphalt von 10 M.-% enthalten. Der Anteil an Fremdstoffen, wie Holz, Gummi, Kunststoffen und Textilien, darf 0,2 M.-% nicht überschreiten. Pechhaltige Bindemittel dürfen nicht enthalten sein.

| Bestandteile | M.-% | Kategorie |
|---|---|---|
| Beton, Betonprodukte, Mauersteine aus Beton, hydraulisch gebundene Gesteinskörnung | keine Anforderung | $R_{c\ NR}$ |
| Ungebundene Gesteinskörnung (Naturstein, Kies) | keine Anforderung | $R_{u\ NR}$ |
| Kalksandstein, Klinker, Ziegel, Steinzeug, Poren- und Bimsbeton, Mörtel | keine Anforderung | $R_{b\ NR}$ |
| Bitumengebundene Baustoffe | < 10 | $R_{a10-}$ |
| Nicht schwimmende Fremdstoffe wie z. B. Holz, Gummi, Kunststoffe, Textilien, Pappe, Papier | < 0,2 | $X_{0,2-}$ |
| Körnungen < 4 mm | ist anzugeben | |

Tab. 2.4.4-1: Anforderung an die stoffliche Zusammensetzung von RC-Baustoffen (Quelle: nach TL BuB E-StB)

## Technische Anforderungen

Bautechnische Anforderungen beziehen sich allein auf die Korngrößenverteilung, die Plastizität sowie den Wassergehalt. Ebenso wie Böden sind die Baustoffe entsprechend ihren Eigenschaften in Bezug auf diese Anforderungen in Bodengruppen nach der DIN 18196 einzuteilen.

*Bodengruppen nach der DIN 18196*

## 2.4 Einsatz in ungebundenen Bauweisen

**Umweltrelevante Anforderungen**

Hinsichtlich umweltrelevanter Merkmale verweist die TL BuB E-StB auf die Festlegungen der TL Gestein-StB.

## 2.5 Einsatz in gebundenen Bauweisen

Unter gebundenen Bauweisen wird die Einbettung der verwendeten Gesteinskörnungen in einer zement- oder bitumengebundenen Matrix verstanden. Diese Matrix kann einerseits durch Inhaltsstoffe oder chemische Reaktionen auf die Gesteinskörnungen einwirken und zu Lösungs- oder Treibprozessen führen. Andererseits kann sie auch eine Barriere für äußere Einflüsse auf bzw. für das Eluieren von umweltrelevanten Gefahrstoffen aus den Gesteinskörnungen darstellen. Da die gebundenen Deckschichten im Oberbau einer Befestigung besonders exponiert sind durch unmittelbare Bewitterung und Befahrung, liegt das Anforderungsniveau an die verwendbaren Baustoffe im Allgemeinen insgesamt höher als in den tiefer liegenden Tragschichten. Daraus ergeben sich besondere Anforderungen auch an Recyclingbaustoffe.

*Anforderungsniveau an die verwendbaren Baustoffe liegt hoch*

### 2.5.1 TL Beton-StB

Die TL Beton-StB regelt die Technischen Lieferbedingungen für Baustoffe und Baustoffgemische für Tragschichten mit hydraulischen Bindemitteln und Fahrbahndecken aus Beton. Derzeit eingeführt ist die Ausgabe 2007 als TL Beton-StB 07 durch das Allgemeine Rundschreiben Straßenbau Nr. 13/2008 vom 17.06.2008 durch das Bundesministerium für Verkehr, Bau und Stadtentwicklung. Mit dem Allgemeinen Rundschreiben Straßenbau Nr. 04/2023 wurden umfangreiche Ergänzungen zur Vermeidung von Schäden an Fahrbahndecken aus Beton infolge von Alkali-Kieselsäure-Reaktionen (AKR) in der TL Beton-StB eingeführt, die auch

*Ergänzungen zur Vermeidung von AKR-Schäden*

## 2.5 Einsatz in gebundenen Bauweisen

bei der Verwendung von rezyklierten Gesteinskörnungen relevant sind.

*DIN EN 12620 und DIN 4226-101*

Grundsätzlich gelten die Regelungen der TL Gestein-StB für die Verwendung von Gesteinskörnungen und Baustoffgemischen. Allerdings unterscheidet die TL Beton-StB zwischen RC-Baustoffen, deren Ein- und Ausbau innerhalb der gleichen Baustelle erfolgt, und solchen, die aus anderen Quellen bezogen werden. In diesem Zusammenhang wird auf das „Merkblatt zur Wiederverwendung von Beton aus Fahrbahndecken" verwiesen, das mit der Ausgabe 2019 im „Merkblatt über den Einsatz von rezyklierten Baustoffen im Erd- und Straßenbau" (M RC) aufgegangen ist. Dieses Merkblatt differenziert nach RC-Baustoffen aus Fahrbahndeckenbeton und solchen gemäß DIN EN 12620 und DIN 4226-101.

**Generelle Anforderungen an die stoffliche Zusammensetzung**

RC-Baustoffe müssen generell die stofflichen Anforderungen der TL Gestein-StB erfüllen. Allerdings dürfen keine Bestandteile enthalten sein, die in Verbindung mit dem hydraulischen Bindemittel zu Treibreaktionen führen können, wie beispielsweise Gipsbaustoffe. Abweichungen in Bezug auf die stoffliche Zusammensetzung und die Frostbeständigkeit sind möglich, wenn im Rahmen einer erweiterten Erstprüfung die Anforderungen an Druckfestigkeit, Frostwiderstand und Raumbeständigkeit erfüllt sind. Baustoffgemische für hydraulisch gebundene Tragschichten unterliegen allgemein einer Güteüberwachung nach TL G SoB-StB. Die Regelungen für die Gütesicherung von RC-Baustoffen gelten somit ebenfalls analog.

## Spezielle Anforderungen an RC-Baustoffe aus Fahrbahndeckenbeton

Für RC-Baustoffe aus Fahrbahndeckenbeton, dessen Aus- und Einbau innerhalb der gleichen Baustelle erfolgt, kann die Fremdüberwachung entfallen. Es muss sich dabei um Altbeton aus Betonfahrbahndecken handeln, die nach den Baugrundsätzen aktueller oder früherer Regelwerke hergestellt wurden. Eignung und Beschaffenheit der alten Fahrbahndeckenbetone sind im Rahmen der Erstprüfung nachzuweisen. Sind die Fahrbahndecken durch Alkali-Kieselsäure-Reaktionen geschädigt, ist eine Wiederverwendung ausgeschlossen.

*Fremdüberwachung kann entfallen*

## 2.5.2 TL Asphalt-StB

Mit Allgemeinem Rundschreiben Straßenbau Nr. 12/2023 wurden am 19.12.2013 vom Bundesministerium für Verkehr und digitale Infrastruktur die Technischen Lieferbedingungen für Asphaltmischgut für den Bau von Verkehrsflächenbefestigungen in der Ausgabe 2007, Fassung 2013 (TL Asphalt-StB 07/13), eingeführt. Recyclingbaustoffe, wie sie in TL Gestein-StB nach Inhaltsstoffen definiert sind, dürfen grundsätzlich für die Herstellung von Asphaltmischgut nicht verwendet werden. Die Wiederverwendung von aufbereiteten mineralischen Abfällen ist lediglich in Form von Asphaltgranulat zulässig, für das es spezifische Anforderungen in den Technischen Lieferbedingungen für Asphaltgranulat (TL AG-StB) gibt. Durch dessen Einsatz dürfen die in der TL Asphalt-StB festgelegten Anforderungen an das jeweilige Mischgut nicht negativ beeinflusst werden. In der Mischgutart „Offenporiger Asphalt" (PA) darf grundsätzlich kein Asphaltgranulat eingesetzt werden.

## 2.5 Einsatz in gebundenen Bauweisen

Entscheidend für die Zugabemengen an Asphaltgranulat sind v. a. die Auswirkungen des Altbitumens in Kombination mit dem neu verwendeten Bitumen auf die daraus sich ergebenden Eigenschaften des „Mischbitumens". Die im Asphaltgranulat verwendeten Gesteinskörnungen sind je nach Mischgutart, die dem Ausbauasphalt zugrunde liegt, klar definiert und weisen ausreichende technische Qualitäten für eine Wiederverwendung auf.

# 3

# 3 Ausbau und Aufbereitung von Baustoffen

**Autoren**
Peter Kamrath (3, 3.1.1, 3.2–3.3)

**Inhaltsverzeichnis**

| | | |
|---|---|---|
| **3.1** | **Rückbau** | |
| 3.1.1 | Historischer Kontext und Grundlagen | |
| 3.1.2 | Entkernung und Sanierung | |
| 3.1.2.1 | Vorbereitung des Schutts auf der Baustelle – Dos and Don'ts | |
| 3.1.2.2 | Fremd- und Störstoffe | |
| 3.1.2.3 | Korngrößenverteilung | |
| 3.1.2.4 | Stoffliche Zusammensetzung | |
| 3.1.3 | Auswirkungen der EBV – Rückkopplung zwischen Entkernung, Sanierung, Rückbau und WPK, Risiken | |
| **3.2** | **Erd- und Tiefbau** | |
| 3.2.1 | Separation von Böden | |
| 3.2.2 | Beton, Mischschutt und Boden-Bauschutt-Gemische | |
| 3.2.2.1 | Betonschutt | |
| 3.2.2.2 | Mischschutt | |
| 3.2.2.3 | Boden-Bauschutt-Gemische | |
| 3.2.3 | Asphalt | |
| 3.2.4 | Gleisschotter | |
| **3.3** | **Aufbereitungstechnik** | |
| 3.3.1 | Brechanlagen | |
| 3.3.1.1 | Backenbrecher | |
| 3.3.1.2 | Prallbrecher | |
| 3.3.2 | Siebanlagen | |
| 3.3.2.1 | Rüttelsiebe | |
| 3.3.2.2 | Trommelsiebe | |
| 3.3.2.3 | Sternsiebe | |

# 3

Seite 2

Ausbau und Aufbereitung von Baustoffen

# 3 Ausbau und Aufbereitung von Baustoffen

Die Entwicklung des Bauschutt-Recyclings ist sehr stark mit der Hauptquelle des Schutts verbunden, dem Rückbau von Gebäuden und Infrastruktur wie Brücken, welcher in den letzten 35 Jahren einen gewaltigen Paradigmenwechsel durchgemacht hat. Die Entsorgung spielt im Abbruch eine sehr zentrale Rolle, denn das Geld verdient nicht der Bagger mit dem Gebäudeabriss, sondern die Sanierung und die optimierte Verwertungskette über das gesamte Abfallspektrum. Rechtlich gesehen wird hier von Abfällen gesprochen, genauer von mineralischen Abfällen, v. a. bei den Abfallschlüsselnummern AVV 17 01 01 (Beton) und 17 01 07 (Gemischter Bauschutt). Diese Wahrnehmung ist aber nach Ansicht des Autors eine falsche. Es handelt sich bei Schutt und Aushub zwar qua Definition des § 3 Abs. 1 KrWG um einen Abfall, jedoch sollte hier lieber von einem Sekundärrohstoff oder Wertstoff gesprochen werden, aus dem ein neues, hochwertiges Produkt entstehen kann, wenn die Baustelle und der Rückbau richtig geplant und durchgeführt werden.

Eine weitere große Quelle für den Rohstoff „Bauschutt" ist im Wesentlichen der Tiefbau, welcher zumeist in Form von Beton in Form von Bauwerken wie Pflaster, Fahrbahnen, Fundamenten, Fertigteilen wie Schächten, Kanälen, unterirdischen Bauwerken oder Rohren anfällt. Dieser Schutt stellt eine Quelle für hochwertigen Schutt dar, insbesondere oberirdische Fertigteile, Fahrbahnen und Pflaster sind hier wegen ihrer Frosthärte zu erwähnen. Der Tief- und Erdbau ist, durch den Baugrubenaushub, nach Masse die primäre Quelle für bauschutthaltige Bodengemische, welche v. a. als Auffüllungen anfallen. Boden-Bauschutt-Gemische fallen jedoch auch auf jeder Rückbaubaustelle an, wobei sie jedoch eher zum Schluss der Maßnahmen im Rahmen der Tiefenenttrümmerung und der Baustellenberäumung entstehen. Generell stellt diese Fraktion jedoch ein vergleichsweise geringerwertiges und stellenweise problematisches Ausgangsmaterial dar, wenn es nicht richtig gemacht wird. Im Tiefbau ist der Stellenwert der Entsorgung jedoch tendenziell geringer als im Rückbau, hier steht logischerweise eher die Neuerstellung von Infrastrukturen im Vordergrund, jedoch werden hier v. a. große Mengen von Boden bewegt, sodass hier eher der Massenanfall im Fokus steht.

Die nächste Quelle stellt der Hochbau dar, hier fallen in der Masse durch Umbaumaßnahmen alle möglichen Sorten von Mauerwerk, Betonen, Magerbetonen, Estrichen etc. an. Die Mengen sind jedoch verglichen mit dem Rückbau und dem Tiefbau quantitativ relativ gering, sodass man hier meist noch auf Containerdienste zurückgreift und die Entsorgung im Bauprozess im Sinne des KrWG an dieser Stelle eine nur untergeordnete Rolle spielt.

Private Abfallerzeuger können mit ihren Kleinmengen in jedem der oben genannten Bereiche auftreten, jedoch gilt hier, dass die Mengen und auch die Qualität i. d. R. gering sind.

Die Ausführungen hierzu basieren auf der Erfahrung des Autors im Bereich des Rück- und Erdbaus, sowohl in der klassischen gutachterlichen Tätigkeit als auch als Bau- und Anlagenleiter auf der ausführenden bzw. verwertenden Seite.

# 3.1 Rückbau

## 3.1.1 Historischer Kontext und Grundlagen

Der Rückbau, früher und heute veraltet Abbruch genannt, hat in den letzten 35 Jahren einen radikalen Paradigmenwechsel durchlebt. Begannen die einstigen „Schmuddelkinder" der Bauindustrie mit dem Einreißen von Gebäuden mittels Seilen an Raupen oder Lkw und dem Einsatz der berühmt-berüchtigten Abrissbirne am Seilbagger, wandelte sich dies mit dem Aufkommen erster Hydraulikhämmer für Bagger Ende der 1960er-Jahre und verstärkt mit dem Aufkommen der Betonscheren Ende der 1980er-Jahre z. B. von Krupp (heute Epiroc) deutlich.

Der Rückbau von Gebäuden wird durch kleinteiligere Rückbaumethoden kontrollierter und in allen Dimensionen emissionsärmer (Lärm, Staub, Vibration), sodass die alten Methoden nahezu komplett verdrängt wurden.

Gleichzeitig stiegen mit dem öffentlichen Umweltbewusstsein die Anforderungen an die Entsorgung und den Arbeitsschutz. Die Durchführung eines zeitgemäßen Abbruchs erfordert nicht nur eine Mannschaft auf der Baustelle und einen Bauleiter, sondern ein hochqualifiziertes Team aus spezialisierten Bauleitern, qualifizierten Polieren und Fachpolieren (z. B. für Asbestsanierungen), Stoffstrommanagern, Fachkundigen für Gebäudeschadstoffe und deren Sanierung, Fachkräften für Arbeitssicherheit, je nachdem Abrechner etc. und stellt heute nicht nur einen der – nach dem Spezialtiefbau – investitionsintensivsten Bereiche der Bauwirtschaft dar, sondern auch einen der anspruchsvollsten in der Ein-

*Anforderungen an die Entsorgung sind gestiegen*

## 3.1.1
Historischer Kontext und Grundlagen

haltung einer Vielzahl von Regularien, welche auch noch je nach Bundesland variieren, da z. B. das Abfallrecht Landesrecht ist. Die Öffnungsklauseln der Ersatzbaustoffverordnung haben hier das eigentliche Ziel der EBV, die Bundeseinheitlichkeit, komplett ad absurdum geführt. Leider dominiert im heutigen öffentlichen Bild von der Abbruchbranche immer noch die Vorstellung, welche bereits seit 30 Jahren Geschichte ist, und auch die hohen Verwertungsquoten und Qualitäten werden leider nicht wahrgenommen.

**Rechtliche Grundlagen**

Die rechtliche Begründung für den selektiven Rückbau liegt im umfangreichen Umwelt- und Baurecht, welches u. a. die Teilgebiete Emissionsschutz-, Gefahrstoff- und Abfallrecht beinhaltet.

Eine wichtige Unterscheidung ist hier die genaue Definition von Abfallentsorgung, -verwertung und -beseitigung im Sinne des KrWG. Die wichtigste Definition ist im Folgenden die der Verwertung.

*KrWG*  Die Abfallentsorgung ist gem. § 3 Abs 22 KrWG definiert: *„Abfallentsorgung im Sinne dieses Gesetzes sind Verwertungs- und Beseitigungsverfahren, einschließlich der Vorbereitung vor der Verwertung oder Beseitigung."*

Die Verwertung ist nach § 3 Abs. 23 definiert: *„Verwertung im Sinne dieses Gesetzes ist jedes Verfahren, als dessen Hauptergebnis die Abfälle innerhalb der Anlage oder in der weiteren Wirtschaft einem sinnvollen Zweck zugeführt werden, indem sie entweder andere Materialien ersetzen, die sonst zur Erfüllung einer bestimmten Funktion verwendet worden wären, oder indem die*

*Abfälle so vorbereitet werden, dass sie diese Funktion erfüllen. Anlage 2 enthält eine nicht abschließende Liste von Verwertungsverfahren."*

Die Beseitigung ist gem. § 3 Abs. 26 wie folgt definiert:
*„Beseitigung im Sinne dieses Gesetzes ist jedes Verfahren, das keine Verwertung ist, auch wenn das Verfahren zur Nebenfolge hat, dass Stoffe oder Energie zurückgewonnen werden. Anlage 1 enthält eine nicht abschließende Liste von Beseitigungsverfahren."*

Der Bauherr ist gemäß der MBO und auch der Landesbauordnungen als Veranlasser der Bauaktivitäten dazu verpflichtet, die gesetzlichen Vorgaben einzuhalten und die Einhaltung durch die von ihm beauftragten Gewerke zu überwachen. Diese zu erläutern, kann hier nur im Groben erfolgen. Hierbei soll das Thema Sanierung weitestgehend außen vor gelassen werden, die Regularien und gelebte Praxis würden den Rahmen dieses Werks vollständig sprengen.

*MBO und Landesbauordnungen*

Maßgeblich für den separierenden Rückbau eines schadstoffsanierten Gebäudes ist v. a. das Abfallrecht. Kein Gebäude kann zurückgebaut werden, ohne dass nicht wenigstens ein Minium unternommen wurde, um die Freisetzung von Gefahrstoffen, z. B. asbesthaltige Stäube, durch eine Schadstoffsanierung zu minimieren oder ganz zu verhindern. Hier ist der Bauherr in der Pflicht, dem ausführenden Unternehmer ein valides Schadstoffkataster vorzulegen, damit dieser seinen Pflichten zum Arbeitsschutz nachkommen und die Kosten für die Arbeiten realistisch kalkulieren kann.

## 3.1.1 Historischer Kontext und Grundlagen

**Kurze Zusammenfassung der Grundlagen für die Schadstoffsanierung**

Die Pflichten zur Schadstoffsanierung sind hier am Beispiel der Landesbauordnung NRW dargestellt:

*§ 13 BauO NRW Schutz gegen schädliche Einflüsse:*

*„Bauliche Anlagen müssen so angeordnet, beschaffen und gebrauchstauglich sein, dass durch Wasser, Feuchtigkeit, pflanzliche und tierische Schädlinge sowie andere chemische, physikalische oder biologische Einflüsse Gefahren oder unzumutbare Belästigungen nicht entstehen. Baugrundstücke müssen für bauliche Anlagen geeignet sein."*

Es liegt demnach in der Verantwortung des Bauherrn, durch Schadstoffe verursachte Gefährdungen und Belästigungen sowohl von den Nutzern oder Nachbarn des Gebäudes als auch von den am Bau Beteiligten fernzuhalten.

Die Einhaltung dieser Anforderungen kann nur mittels einer Schadstofferkundung sichergestellt werden. Die Untersuchungsergebnisse sind, unabhängig von dem Befund, in einem Schadstoffkataster zu dokumentieren. Das Schadstoffkataster ist bei weiteren Untersuchungen fortzuschreiben und dient in der Vergabephase auch als Grundlage der LV-Erstellung und Kalkulation der Abbruchkosten zur Prognose der ausführenden Unternehmen. Diese müssen möglichst lückenfrei sein, um ein Nachtragsmanagement aufseiten der ausführenden Unternehmen zu unterdrücken oder ganz zu verhindern. Leider ist das Bewusstsein für die Konsequenzen aus unzureichenden Voruntersuchungen und damit auch der Planung nicht in der öffentlichen oder der privat-

### 3.1.1
Historischer Kontext und Grundlagen

wirtschaftlichen Auftraggeberseite vorhanden. Es wird ein billiges Angebot für die Untersuchung genommen, das BV kommt zur Ausführung, und nahezu sofort nach der Einrichtung der Baustelle kommt es zu Mehrkosten durch Nachträge für Zusatzleistungen und Mehrmengen, welche auf Basis der billigen Voruntersuchung nicht erfasst und damit auch nicht eingeplant wurden. Die Mehrkosten können im Verhältnis zu den Kosten für den Gutachter erfahrungsgemäß zwischen 1:10 bis 1:100 angesetzt werden.

Im Jahr 2017 wurde in § 19 Abs. 3 Nr. 16 **ChemG** festgehalten: *„Durch Rechtsverordnung nach Absatz 1 kann insbesondere bestimmt werden, dass und welche Informations- und Mitwirkungspflicht derjenige hat, der Tätigkeiten an Erzeugnissen oder Bauwerken veranlasst, welche Gefahrstoffe enthalten, die durch diese Tätigkeiten freigesetzt werden können und zu besonderen Gesundheitsgefahren führen kann."*

> **!** Veranlasser einer Baumaßnahme ist i. d. R. der Grundstückseigentümer/Bauherr, eine Nichtbeachtung fällt unter Umständen unter § 319 StGB „Baugefährdung".

Bezüglich der Anforderung hinsichtlich der Schadstoffsanierung wird auf die Richtlinie **VDI 6202 Blatt 1** „Schadstoffbelastete bauliche technische Anlagen – Abbruch-, Sanierungs- und Instandhaltungsarbeiten" verwiesen.

*VDI 6202 Blatt 1*

Nach **DGUV 101-004** hat der Auftraggeber bei Arbeiten in Bereichen mit bekannten Belastungen Ermittlungen über Art, Menge und Zustand der erwarteten Gefahrstoffe bzw. über Art und Ort des Auftretens der biologischen Arbeitsstoffe sowie das Gefahrenpotenzial der anzutreffenden Belastungen im Sinne des Arbeits- und Gesundheitsschutzes vorzunehmen oder durchführen zu lassen. Er hat die Ergebnisse dieser Ermittlungen zu dokumentieren und allen Auftragnehmern zur Verfügung zu stellen.

Auch hinsichtlich geplanter Arbeiten in Bereichen, in denen eine Kontaminierung nicht ausgeschlossen werden kann, hat der Auftraggeber vor Beginn der Arbeiten eine Erkundung der vermuteten Gefahrstoffe bzw. biologischen Arbeitsstoffe und eine Abschätzung der von diesen im Sinne der Sicherheit und des Gesundheitsschutzes möglicherweise ausgehenden Gefährdung vorzunehmen oder durchführen zu lassen. Er hat die Ergebnisse dieser Erkundungen zu dokumentieren und allen Auftragnehmern zur Verfügung zu stellen.

*DIN 18299*

In der **DIN 18299** heißt es außerdem: *„Werden Schadstoffe vorgefunden, z. B. in Böden, Gewässern, Stoffen oder Bauteilen, ist dies dem Auftraggeber unverzüglich mitzuteilen. Bei Gefahr im Verzug hat der Auftragnehmer die notwendigen Sicherungsmaßnahmen unverzüglich durchzuführen. Die weiteren Maßnahmen sind gemeinsam festzulegen. Die erbrachten und die weiteren Leistungen sind besondere Leistungen."*

*DIN 18459*

Auch in der **DIN 18459** wird Ähnliches festgehalten: *„Werden bei den Arbeiten Abweichungen gegenüber den Angaben in der Leistungsbeschreibung angetroffen, z. B. hinsichtlich der Stoffe, Konstruktionen, Bauzustände, statischer Systeme, unvermuteter Kontamination oder Bauteile, ist der Auftraggeber Sicherungsmaßnahmen zu treffen. Die weiteren Maßnahmen sind gemeinsam fest-*

zulegen. *Erforderliche Leistungen sind besondere Leistungen.*"

Da diese erforderlichen besonderen Leistungen nicht beschrieben wurden, kommt es zum Nachtragsmanagement, welches der ausführende Unternehmer mal mehr, mal weniger aggressiv betreibt, während die Bauherrenseite alles versucht, um dieses zu unterdrücken, da an der planerischen Leistung gespart wurde.

Diese DIN-Normen begründen, zusammen mit dem restlichen Arbeitsschutz- und Gefahrstoffrecht, im Abbruch die Vielzahl der Nachträge, da Schadstofffunde an vorher nicht untersuchten Bauteilen im Zuge der Entkernungsarbeiten und der Sanierung sowie geänderte Abläufe im Abbruch mit wenigen Ausnahmen auf jeder Baustelle auftreten.

### Abfallrechtliche Aspekte

Bei den Gebäudeschadstoffen ist i. d. R. der Grundstückseigentümer/Bauherr Veranlasser der Baumaßnahme. Diese Veranlasserschaft resultiert in der Annahme, dass der Veranlasser im Falle eines Abbruchs auch die abfallrechtliche Ersterzeugerschaft (nach § 3 Abs. 8 KrWG) innehat, da er die Arbeiten, bei welchen der Abfall anfällt, veranlasst (§ 3 Abs. 2 und Abs. 3), wenn für die Stoffe und Gegenstände ein Entledigungswillen existiert oder ein Entledigungszwang nach § 3 Abs 4 besteht, weil sie ihren ursprünglichen Zweck nicht mehr erfüllen können oder das Gemeinwohl gefährden oder beeinträchtigen können (z. B. Gefahrenabwehr). Das ausführende Unternehmen stellt im vorliegenden Kontext den Zweiterzeuger dar, welcher durch die Veränderung der Abfallbeschaffenheit (z. B. durch Aussor-

*Veranlasserschaft*

tieren von Stör- und Fremdstoffen aus dem Abbruchschutt) diesen Abfall verändert. Dieses Sortieren ist grundsätzlich im Abbruch erforderlich, um die Auflagen zur getrennten, möglichst sortenreinen Entsorgung von Abfällen gem. §§ 7 bzw. 7a KrWG zu erfüllen.

Hier hat sich die EBV deutlich bemerkbar gemacht. Zum einen sind die Abfallerzeuger gem. § 3 EBV bei der Andienung von Bauschutt nicht mehr verpflichtet, das Material vorher zu deklarieren. Die Untersuchung von Chargen ist hier nur bei einem Verdacht der Überschreitung der Grenzwerte für die Einbauklasse RC 3 vorgeschrieben.

> Kein Anlagenbetreiber sollte sich, außer bei Kleinchargen, darauf einlassen, Material mit einem unbekannten Status anzunehmen, da hier die Gefahr besteht, nicht verwertungsfähiges Material abfallrechtlich beseitigen zu müssen, also auf einer Deponie zu entsorgen, damit dieses der Kreislaufwirtschaft entzogen wird.

Ebenso gehen die Deklarationspflichten gem. § 14 EBV bei Verbringung von unbehandeltem Bodenmaterial und Baggergut in ein genehmigtes Zwischenlager von den Bauherren bzw. Ersterzeugern auf den Betreiber des Lagers über. Wird das Material nicht in ein Zwischenlager verbracht, muss es durch den Ersterzeuger bzw. eine beauftragte Untersuchungsstelle unmittelbar untersucht werden.

Wichtig in diesem Kontext ist nach § 22 KrWG auch die Möglichkeit zur Beauftragung Dritter zum Vollzug/zur Erfüllung der Abfallerzeugerpflichten, welche jedoch den Erzeuger selbst nicht von seinen Pflichten befreit. Der Erzeuger bleibt haftbar und verantwortlich für den Abfall, bis der Nachweis der schadlosen und ordnungsgemäßen Entsorgung (diese ist in § 7 Abs. 3 KrWG definiert) erbracht ist. Hieran hat sich durch die EBV nichts geändert.

Gleichzeitig ist der Erzeuger dazu verpflichtet, ein Register der gefährlichen Abfälle zu führen, welches auf Verlangen der Aufsichtsbehörde vorgelegt werden muss. Zur Erfüllung dieser Registerpflicht und zur Versicherung der fachgerechten Entsorgung sind alle am Entsorgungsprozess Beteiligten gegenüber der Behörde und untereinander gem. § 50 Abs. 1 KrWG auskunftspflichtig.

Die Verstöße im Abfall- und Umweltrecht sind vom möglichen Strafmaß her erheblich, die Strafen hierbei reichen von Geldbußen (z. B. bei Gefahrstoffen wie Asbest) bis 100.000 Euro. In Verbindung mit § 319 StGB (Baugefährdung) und § 330 StGB Abs. 1 Nr. 4 (Besonders schwerer Fall einer Umweltstraftat → Gewinnsucht) können jedoch auch Freiheitsstrafen bis zu 5 Jahren verhängt werden. Die Freisetzung von Giftstoffen kann nach § 330a StGB „Schwere Gefährdung durch Freisetzen von Giften" mit bis zu 10 Jahren geahndet werden. Bei einem illegalen Umgang mit Abfällen allgemein, Betrieb einer illegalen Abfallbehandlungsanlage oder Schädigungen der Umwelt können bis zu 5 Jahre Freiheitsstrafe (§§ 324–330 StGB) verhängt werden. Das Strafmaß ist ähnlich hoch wie beim Strafmaß für schweren Raub (§ 250 StGB), zumeist ist sogar bereits der Versuch strafbar.

*Verstöße im Abfall- und Umweltrecht werden streng geahndet*

## 3.1.1 Historischer Kontext und Grundlagen

> **!** Im Gegensatz zum Hochbau ist der Unsicherheitsfaktor, wie bereits erwähnt, in Bezug auf Kostensteigerungen und Nachträge im Abbruch deshalb am höchsten, weil auch ohne eine Planänderung im Zuge der Arbeiten auf nahezu jeder Baustelle vorher nicht bekannte schadstoffhaltige Bauteile und Materialien entdeckt werden können, welche in der Untersuchung zur Erstellung eines Schadstoffkatasters nicht gefunden wurden. Gleichzeitig liegt durch das Handeln im Gefahrstoffrecht (PCB, Asbest etc.) die Möglichkeit von strafrechtlichen Konsequenzen bei Rückbau und Entsorgung deutlich höher als in allen anderen Bereichen der Bauwirtschaft.

Viele kleinere Baubetriebe, welche ihren Schwerpunkt im Tiefbau haben, bieten regelmäßig kleinere Abbrüche (Einfamilienhäuser, kleinere Mehrfamilienhäuser, Bauernhöfe, kleinere Hallen etc.) an, ohne jedoch die notwendige Kompetenz und Fachkunde zu besitzen. Man ist der Ansicht, nur weil man Bagger und Kipper besitzt, kann man einen Abbruch durchführen, aber auch dies ist seit Langem Geschichte. Ist man als Tiefbauer im Besitz eines Baggers, enden die Gemeinsamkeiten am Schnellwechsler bzw. spätestens bei Löffeln und Sieblöffeln. Das vollständige Zubehör (Pulverisierer, Betonschere, Hydraulikhammer, Sortiergreifer, Fräsen etc.) für einen Abbruchbagger kann schnell den Anschaffungswert des einzelnen Baggers überschreiten.

## 3.1.1 Historischer Kontext und Grundlagen

Dies führt regelmäßig zu einer Vielzahl von Problemen, welche aus den Mängeln resultieren, da sie sich der gestiegenen Anforderungen nicht bewusst sind. Die Beseitigung der Mängel kann an dieser Stelle zu hohen Zusatzkosten führen. Auch hier könnte man einen juristischen Exkurs in das Kreislaufwirtschaftsgesetz und die dazugehörigen Verordnungen und die anhängigen ewigen Diskussionen z. B. um das Ende der Abfalleigenschaft unternehmen, welcher hier jedoch nur von untergeordneter Bedeutung ist.

Die letzten Entwicklungen in diesem Bereich stellen zum einen eine kommende Neufassung der Gefahrstoffverordnung und zum anderen die am 01.08.2023 in Kraft getretene Ersatzbaustoffverordnung und die Bundesbodenschutzverordnung dar, die größte Neuregelung der Verwertung von mineralischen Abfällen seit dem Erscheinen der LAGA-Mitteilung M20 1997. Auch die neue, am 08.05.2023 erschienene Neufassung der LAGA M23 „Vollzugshilfe zur Entsorgung asbesthaltiger Abfälle" adressiert den Umgang mit der Vielzahl neuer asbestverdächtiger Materialien, welche in den letzten acht Jahren seit der letzten Fassung bekannt geworden sind. Der Umfang wuchs daher von 32 auf 85 Seiten. Die kommende Fassung der Gefahrstoffverordnung wird dieses noch verschärfen, da hier eine Umkehr der Nachweispflicht etabliert wird. So muss nicht mehr nachgewiesen werden, dass ein Material in einem Gebäude schadstoffhaltig ist, sondern dass ein vorgefundenes Material in einem Gebäude schadstofffrei ist, was einen wesentlich höheren Beprobungs- und Analyseaufwand bedeutet.

*LAGA M23*

*Gefahrstoffverordnung*

Die Ersatzbaustoffverordnung reguliert die Verwertung von mineralischen Ersatzbaustoffen (MEB) aus mineralischen Abfällen grundlegend neu. Hierbei kommt es zu

## 3.1.1 Historischer Kontext und Grundlagen

einem Zwang der Güteüberwachung im Recycling von mineralischen Abfällen, also Boden, Boden-Bauschutt-Gemischen und Bauschutt in jeglicher Form. Gleichzeitig werden die Überwachung der Produktion von MEB und die Dokumentationspflicht deutlich erhöht. So reguliert die EBV nur die umweltrelevanten Eignungsanforderungen im Bereich des Einbaus im Tiefbau, Erdbau und Straßenbau, jedoch nicht in der Verwendung als Bauprodukt z. B. im R-Beton oder in R-betonhaltigen Betonwaren. Die bautechnischen Eigenschaften, welche aber für eine qualifizierte Nutzung und deren Vermarktung essenziell sind, werden **NICHT** in der EBV berücksichtigt.

Aus der Verschärfung der Anforderungen aus EBV und GefStoffV ergibt sich eine deutliche Erhöhung der Bedeutung der Entkernung und Schadstoffsanierung, um eine hohe und v. a. gleichbleibende Qualität des Schutts zu gewährleisten.

Die Qualität eines Bauschutts aus Sicht eines Aufbereitungsbetriebs wird durch mehrere Faktoren definiert:

- den chemischen Status, d. h. die Einstufung in der Deklarationsanalytik des Materials

- die stoffliche Zusammensetzung, d. h.: Aus welchen Anteilen bestehen Beton, Ziegel, Naturstein, Kalksandstein, Bimsbeton, Asphalt, aber auch aus welchen Störstoffen wie Holz, Glas, Metall und Plastik besteht der Schutt? Dies hat erhebliche Auswirkungen auf die Verwertungswege.

- Korngröße, d. h., der optimale Bauschutt ist dominiert von Stücken mit Ø 30 bis 50 cm bei einem möglichst geringen „Feinanteil" von 0/100 mm.

## 3.1.2 Entkernung und Sanierung

**Die Grundlage für ein hochwertiges Ausgangsmaterial**

Die Entkernung und die i. d. R. darauf folgende Schadstoffsanierung stellen heute im Gegensatz zum Klischee den wohl wichtigsten Part im Rückbauprozess dar. Hier entscheidet sich, ob der Schutt aus dem maschinellen Rückbau einen Wertstoff als Grundlage für hochwertige Recyclingprodukte darstellt oder einen problematischen, teuer zu entsorgenden Abfall.

Hierbei werden, soweit möglich, alle nicht mineralischen und nicht gefahrstoffhaltigen Bestandteile des Gebäudes entfernt. Hierunter fallen, sofern schadstofffrei, Fußbodenbeläge, Fenster, Bauteile aus Holz wie Türen und Fußböden, Gipsprodukte wie Trockenbauwände und Porenbeton, Aluminiumbauteile, Dachbahnen, Isoliermaterialien, aber auch Stroh oder Schilf aus Schilfputzen etc., kurz alles, was schadstofffrei ist und nicht unter die AVVs

- 17 01 01 – Beton,
- 17 01 02 – Ziegel, Monocharge,

## 3.1.2 Entkernung und Sanierung

- 17 01 03 – Fliesen und Keramik,

- 17 01 07 – Gemische aus Beton, Ziegeln, Fliesen und Keramik mit Ausnahme derjenigen, die unter 17 01 06*fallen,[1]

einzuschlüsseln ist. Ein weiterer ungefährlicher Abfall bzw. tatsächlicher Wertstoff, der nicht standardmäßig aus Abbruchgebäuden entfernt wird, ist der Schrott, da dieser meist gezielt im Gebäude deponiert und im Zuge des Rückbaus entfernt wird. Dies ist der Tatsache geschuldet, dass die Metalle im Abbruch keinen Schaden nehmen, sondern eher noch in ihrem Volumen reduziert werden. Zum anderen muss dann für das Material auf den meist knappen Baustelleneinrichtungsflächen nicht noch ein Container aufgestellt werden, wenn im Zuge der Bauschuttaufbereitung nochmals massenhaft Schrott aussortiert wird (v. a. Armiereisen, verbaute Stahlträger etc.).

*AVV 17 01 06\* für gefährliche Abfälle*

Ausgenommen hiervon ist natürlich die AVV 17 01 06* für gefährliche Abfälle; diese sollten weitestgehend vor dem Rückbau bereits saniert bzw. separat ausgebaut und entsorgt werden.

---

[1] 17 01 06* ist die AVV-Schlüsselnummer für gemischten Bauschutt, der auch unter die 17 0 1 07 fällt, jedoch durch einen oder mehrere Parameter die landesspezifischen Gefährlichkeitskriterien im Sinne der 15 HP-Gefährlichkeitskriterien der EU-Abfallrahmenrichtlinie erfüllt. Zusätzlich können weitere Parameter vom jeweiligen Bundesland definiert werden. Diese können sehr stark zwischen den Bundesländern variieren, z. B. ist dies traditionell in Rheinland-Pfalz die Belastung von Bauschutt mit PAK, welche bei 30 mg/kg schon als gefährlich angesehen wurde, in NRW jedoch nicht, da die Verwertung nach LAGA M20 Bauschutt bis 75 mg/kg möglich war.

Wichtig ist bei der Entkernung auch, gerade beim Rückbau von Gebäuden mit verputztem Mauerwerk, das Entfernen von etwaig vorhandenen Ytong- und Trockenbauwänden, Rabitzputzen etc., da es sich hierbei zumeist um Gipsprodukte handelt, welche in der späteren Analytik durch ihre Anwesenheit die Sulfatmesswerte des Eluats und damit die Einstufung sehr stark nach oben treiben können. Die Entsorgung einer kleinen Gipscharge und eines nur geringfügig belasteten Bauschutts ist i. d. R. immer günstiger als die einer mittelhoch belasteten großen Charge.

Ferner muss hier klar gesagt werden, dass im Leistungsverzeichnis und den Gebäudeschadstoffgutachten nicht beschriebene Einbauten immer ein Nachtragsangebot begründen, was nach VOB/B insbesondere bei öffentlichen Aufträgen immer mit einem Recht auf Vergütung verbunden ist.

Die Sanierung umfasst die Entfernung von schadstoffhaltigen Bauteilen und Materialien aus dem Gebäude. Hierbei können einzelne Anstriche und Putze, wie Schwarzanstriche (PAK), PCB-haltige Wandanstriche, asbesthaltige Wandputze, Fliesenkleber oder Brandschottstopfmassen, künstliche Mineralfaser (KMF) oder mehrere Gefahrstoffe zusammen auftreten, beispielsweise Dachbahnen mit PAK und Asbest oder Akustikplatten aus KMF mit PCB-haltigen Flammschutzmitteln. Diese müssen entsprechend den aktuellen Regeln der Technik saniert werden. Maßgeblich hierfür sind i. d. R. die Vorgaben der Technischen Regeln für Gefahrstoffe (TRGS) wie die TRGS 519 „Asbest", 521 „Alte KMF", 524 „Gefahrstoffe allgemein", 551 „PAK" und viele mehr. Diese Art der Sanierung ist jedoch hier nicht das Thema, da ohne diese ein Abbruch eines Gebäudes generell, bis auf Sonderfälle, nicht zulässig

## 3.1.2 Entkernung und Sanierung

ist (vgl. § 319 StGB „Baugefährdung"). Die fachgerechte Sanierung wird im Weiteren vorausgesetzt.

*Sonderfall: Mauerstärken mit AZ-Röhren*

Einen Sonderfall hierbei stellen Mauerstärken mit AZ-Röhren dar, welche die Schalungen auf dem richtigen Abstand halten und Abstandshalter zwischen der ersten Lage der Bewehrung und der Schalung bilden. Die Problematik der Abstandshalter ist relativ neu und hat dazu geführt, dass derzeit viele Verfahren ausprobiert werden, um diese teils mit bis zu 20 % Asbest versetzten Hilfsmittel aus dem Beton zu entfernen (vgl. LAGA M23).

Dieses Thema ist neu und stark diskutiert, weshalb es auch in vielen Gebäudeuntersuchungen noch nicht standardmäßig praktiziert wird. Ebenso sind Standardlösungen hierfür noch nicht vorhanden.

Bei Mauerstärken mit AZ-Röhren ist die Sanierung leicht, da sie zum einen deutlich auf der unverputzten Oberfläche sichtbar sind und durch einfache Nasskernbohrungen beschädigungsfrei entfernt werden können. Sind die Abstandshalter i. d. R. zwischen Wandoberfläche und der ersten Armierungslage zu finden, sind sie deutlich schlechter zu erkennen. In einigen Versuchen wurde daher im Schwarzbereich die komplette äußerste Lage des Betons abgestemmt, und die Abstandshalter wurden gesucht. Dies funktioniert aber nur, wenn die Statik des Gebäudes dies zulässt, da bei einer Wand zwischen 5,0 und 10 cm Beton (pro Seite!) entfernt werden müssen, sodass viele Wände aus Gründen der Wandstärke und/oder Statik hierfür nicht ohne Weiteres infrage kommen.

Die Frage des Umgangs mit diesen Wänden ist auch weiterhin und in Anbetracht der neuen M23 eine noch nicht ganz klare. Die Diskussion dieser Ansätze würde auch hier die Zielsetzung dieses Kapitels sprengen.

Beim Thema Entkernung und Sanierung steht der Bauleiter i. d. R. unter dem Druck, möglichst schnell die Entkernung abzuschließen, während gleichzeitig regelmäßig weitere Schadstofffunde zu Nachträgen und Bauzeitverlängerungen durch ungeplante Mehrarbeiten führen und die Disposition der für den maschinellen Rückbau notwenigen Großgeräte, insbesondere der Primärabbruchgeräte wie Longfront- und Großbagger (> 40 t), sowie der mit den Großgeräten verbundene Umsatzdruck weiterhin die mögliche Zeit für die E&S-Arbeiten begrenzen.

*Einwandfreie Entkernung*

Oft wird hier schon der erste Fehler gemacht. Aus Zeitgründen und der irrigen Annahme heraus, dass man den Schutt ja später sowieso aufbereiten müsse, wird die Entkernung nicht so gründlich ausgeführt, wie es nötig wäre.

In der Folge wird zu früh mit dem Rückbau begonnen, und es gelangen mehr Fremd- und Störstoffe in den Schutt als gut ist. Diese müssen dann aufwendig per Hand aussortiert werden. Für die Kosten ist es egal, ob dies auf der Baustelle oder auf der Anlage geschieht, die Mann- und Maschinenstunden bleiben die gleichen.

Jedoch haben die wenigsten RCL-Anlagen Platz, Zeit und Personal oder die Technik, eine aufwendige Auslese durchzuführen. Generell bedeutet die Auslese von Fremd- und Störstoffen, dass zumindest ein Bagger mit Bediener plus ein bis fünf Helfer hier gebunden werden, welche mühsam den Schutt sortieren müssen. Erfahrungsgemäß kostet dies weitaus mehr, als die Materialien im Rahmen einer gründlichen Entkernung auszubauen, da allein der Bagger mit den drei bis fünf Helfern die Kostenseite der Baustelle belastet. Eine frühzeitige Begehung des abzubrechenden Gebäudes mit dem Baggerführer hilft hierbei, den Sortieraufwand deutlich zu verringern, da dieser auf Basis seiner Erfahrungen meist noch versteckte Einbauten findet, welche dann entweder vor dem Rückbau oder im Zuge des selektiven Rückbaus besser maschinell ausgebaut werden können.

Die Entfernung von Störstoffen, insbesondere von Holz und Metallen (Stahl und NE-Metalle), stellt eine absolute Notwendigkeit dar, da diese eine akute Gefahr für den Betrieb der Brechanlagen und hier v. a. für die Förderbänder der Brechanlagen darstellen. Mehr dazu im folgenden Abschnitt.

Perspektivisch wird die Sortierung auf der Baustelle wahrscheinlich im Laufe der nächsten 10 bis 15 Jahre durch entsprechend ausgerüstete stationäre automatisierte Sortieranlagen weitestgehend ersetzt werden. Die ersten Anlagen dieser Art sind in der Schweiz bereits schon länger im Einsatz und produzieren hochwertige RCL-Produkte, wie Körnungen für die Betonindustrie, äquivalent zu RCL-Splitten Typ 1 und 2 nach DIN EN 12620. In Deutschland nehmen gerade die ersten sehr investitionsintensiven Anlagen ihren Betrieb auf.

## 3.1.2.1 Vorbereitung des Schutts auf der Baustelle – Dos and Don'ts

In einem idealen zeitgemäß separierenden Abbruch[1] sieht der Ablauf des Abbruchs im Idealfall wie folgt aus:

a) Vorbereitung Primärabbruch

Ein oder mehrere Bagger, ab mehr als 12 m Höhe zumeist ein Longfrontbagger, entfernen die groben und großen Fremd- und Störstoffe sowie Anbauten (z. B. hölzerne Bauteile wie Dachstuhl, Kunststoffteile wie Fensterrahmen, Türen, metallene Bauteile wie Balkone oder Geländer). Das Material wird aussortiert und im Idealfall in dafür bereitgestellte Container verladen. Teilweise können erst dann gewisse Sanierungen durchgeführt werden, z. B. die Entfernung von KMF-Isolationen oder von vielschichtigen Dachbahnen.

b) Der primäre Abbruch

Je nach Bauwerk kommen hier v. a. Longfrontbagger (bei hohen Bauwerken > 12 m) oder schwere Standardbagger > 40 t (z. B. bei schweren Fundamenten oder Stahlbetonbau) zum Einsatz. Bei kleinen Gebäuden wie Ein- und kleineren Mehrfamilienhäusern reicht hierzu auch ein 30-t-Bagger oder ein kleinerer Bagger. Ein unterschätztes und selten gewordenes Werkzeug am Bagger ist der sog. Abbruchstiel, welcher teilweise hydraulisch teleskopierbar seine Hochzeit in den 1980er-Jahren hatte und die Reichweite des Baggers bis zum 1,5-Fachen

---

[1] Wie gesagt, im Idealzustand, zumeist muss mit mehr oder weniger starken Einschränkungen auf der Baustelle gearbeitet werden, hier sind meist die Zeit und/oder der Platz das Problem.

und mehr (z. B. bei Liebherr war für den 941B [∼25–30 t] ein hydraulisch teleskopierbarer Stiel von 8 m Gesamtlänge möglich) erweitern kann. Gerade bei Dachgiebeln ist dies eine sehr hilfreiche Methode. Für Mauerwerk reicht meist ein Sortiergreifer oder Löffel, bei Beton und Stahlbeton kommen zumeist Betonscheren und Hydraulikhämmer zum Einsatz. Mit diesen Geräten werden Betonbauwerksteile auf eine für den Sekundärabbruch nutzbare Größe verkleinert. Generell ist hier von den meisten Kombischeren abzuraten, da diese weder effektiv Beton schneiden noch ordentlich pulverisieren. Im Rahmen des Primärabbruchs wird i. d. R. der großstückige Beton vom Mauerwerk getrennt gelagert, jedoch ist dies aufgrund von z. B. kleinstückigen Bruchstücken aus dem Ausbau oder aus Platzgründen nicht immer möglich. Die in der Abbildung sichtbaren Betonbrocken können beim Aufbereiten des Schutts bequem mit einem Sortiergreifer ausseparient werden.

*Abb. 3.1.2.1-1: Bauschutt unmittelbar nach dem Rückbau, gut zu sehen sind die Fremd- und Störstoffe sowie die teilweise groben Betonbrocken aus den Decken, welche im Zuge der Aufbereitung noch separiert wurden. (Quelle: Kamrath)*

Seite 9

**3.1.2**

Entkernung und Sanierung

*Abb. 3.1.2.1-2: Gebäude nach dem Abbruch, der Keller aus Beton wurde mit dem Mauerwerksschutt verfüllt, während der Beton aus den Decken und Wänden als separates Haufwerk in großen Schollen gelagert wird, um später mit dem Beton des Kellers aufbereitet und verwertet zu werden. Zwischenstand im Sekundärabbruch. (Quelle: Kamrath)*

Beim Mauerwerk muss darauf geachtet werden, dass die verschiedenen Materialien möglichst ebenfalls separiert werden.

Leichtbetone sollten so gut wie möglich ausseparriert werden, da diese aufgrund ihrer geringen Festigkeit die bautechnischen Eigenschaften massiv verschlechtern können. Auf der anderen Seite kann eine Abtrennung von Ziegeln sinnvoll sein, da diese in sortenreiner Form bei spezialisierten Verwertern z. B. zu Tennis- und Sportplatzbelägen oder Pflanzsubstraten verarbeitet werden können. Vollziegel können ebenfalls gut an spezielle Vermarkter abgesetzt werden, welche diese für Denkmalschutzsanierungen oder an Gartenbauer vermarkten.

## 3.1.2 Entkernung und Sanierung

*Abb. 3.1.2.1-3: Separation auf der Baustelle – trotz beengter städtischer Verhältnisse sind die verschiedenen Abfallgruppen separat aufgehaldet bzw. verpackt worden. Das Material entstammt der Entkernung, Sanierung und der Bauschuttaufbereitung. (Quelle: Kamrath)*

c) Der sekundäre Abbruch

Unter dem sekundären Abbruch versteht man v. a. die Nachzerkleinerung der durch den Primärabbruchbagger abgebrochenen Bauteile sowie die Sortierung nicht entfernter Fremd- und Störstoffe. Dies geschieht maschinell bei größeren Teilen v. a. mittels Sortiergreifer und Anbaumagneten, welche mit der zunehmenden Verwendung von vollhydraulischen Schnellwechslern (z. B. Oilquick oder Lehnhoff) in ihrer Verbreitung in den letzten Jahren stark zugenommen haben. Bei kleinen Teilen wird zumeist baggerunterstützt per Hand von Bauhelfern sortiert.

Hierbei fallen nochmals alle Stör- und Fremdstofffraktionen an, welche dann, wie die Gewerbeabfallverordnung (GewAbfV) fordert, soweit möglich und zumutbar sortenrein separiert werden müssen. § 3 Abs. 3 GewAbfV legt hierzu sogar eine Dokumentationspflicht fest.

Die großstückigen vorzerkleinerten Betonteile aus dem Primärabbruch werden i. d. R. durch Pulverisierer und Magneten aufbereitet, wobei die Zielgröße für die Stückigkeit des Betons bei ca. 30 bis 50 cm und einem geringen Feinanteil < 60 mm liegen sollte.

d) Abfuhr des Schutts zur Entsorgung

Wenn der Schutt aufbereitet und deklariert worden ist (weniger aus abfallrechtlichen Gründen als v. a. zur Sicherstellung einer Abrechnungsbasis mit dem Bauherrn; die EBV hat hier die Deklarationspflicht für den Schutt anliefernden Abfallerzeuger zunächst einmal abgeschafft), sollte dieser mit einem Sieblöffel verladen werden. Hierdurch werden zunächst nur die reinen Schuttmassen verladen. Die meisten Sieblöffel weisen eine Maschenweite von 50 bis 80 mm auf, sodass, nachdem das Haufwerk verladen ist, ein feinkörnigeres Material, meist als Bodenbauschuttgemisch, vorliegt. In dem Fall, dass das Material auf eine eigene Recyclinganlage verbracht wird, erspart die Verladung mit dem Sieblöffel einiges an Verschleiß am Brecher und hat einen positiven Einfluss auf dessen Durchsatz und die Sieblinie des Produkts.

## 3.1.2

Entkernung und Sanierung

*Abb. 3.1.2.1-4: Sauber aufbereiteter Beton der Decken und Wände aus dem zurückgebauten Gebäude, richtige Korngröße, kein nennenswerter Feinanteil (Quelle: Kamrath)*

Dasselbe gilt für die Mobile Aufbereitung, welche jedoch erst jetzt, durch die EBV in wenigen Fällen, bei großen, homogenen Schuttmengen und einer Güteüberwachung durch den zeitlichen und monetären Aufwand zur Einrichtung der Aufbereitung überhaupt darstellbar ist.

Das verbliebene feinkörnige Material (< Maschenweite Sieblöffel), welches meist mit Boden vermischt ist, kann durch eine Siebanlage nochmals vom Schutt befreit werden; hierzu mehr im Kapitel zur Boden-Bauschutt.

> **!** Der hier erläuterte Ablauf stellt einen Idealfall dar, welcher gerade im Bereich räumlich enger Baustellen in Innenstädten oder bei kleineren Maßnahmen nicht immer komplett umsetzbar ist. Gründe hierfür können z. B. Platzmangel oder der Arbeitsschutz (Einsturzgefahr des Gebäudes) etc. sein, die einen

> geregelten Ablauf be- oder verhindern. Grundsätzlich sollte diese Arbeitsweise jedoch angestrebt werden, um ein sauberes Entsorgungsmanagement vor Ort zu gewährleisten.

Mit Blick auf die Zukunft wird sich die Sortierung wahrscheinlich auf die Recyclingwerke verlagern, da durch die Weiterentwicklung der Technik (Roboter, KI, Sensorik) die automatisierte Sortierung immer besser möglich wird. Gleichzeitig kann durch diese Automatisierung in erheblichem Maße Zeit auf der Baustelle gespart werden, in der Personal und Maschinen umsatzbringender eingesetzt werden können.

### 3.1.2.2 Fremd- und Störstoffe

Die Gruppe der Fremd- und Störstoffe umfasst v. a. „Leichtstoffe" wie Holz oder Kunststoffe wie Styropor/-dur, dazu andere organische Stoffe wie Stroh/Schilf sowie Metalle, Gips- und Leichtbetonprodukte (auch wenn Leichtbeton zu den mineralischen Abfällen zu zählen ist).

#### Leichtstoffe (Kunststoffe, Styropor/-dur etc.)

Leichtstoffe stellen die klassischen Störstoffe dar, welche schon bei Einhaltung der Normen für RCL-Produkte im Tiefbau dafür sorgen, dass ein RCL als „schmutzig" oder „minderwertig" angesehen wird, insbesondere bei Material, welches nur die Anforderungen der ZTV-BuBe einhält und daher die geringwertigste Verwertung dar-

*Klassische Störstoffe*

## 3.1.2 Entkernung und Sanierung

stellt. In die Gruppe der Leichtstoffe fallen Plastikreste wie Folienreste, Bruchstücke von dickerem Plastik wie KG-Rohre und Fensterrahmen, Reste von Polystyrol wie Styropor und Styrodur, Schaumstoffe, Textilien, Papier, Schilf und Stroh aus Verputzen sowie als schwerste Fraktion Holzreste in allen erdenklichen Varianten. Kurzum, alles, das schwimmt, wenn es in einen Schwimmsichter fällt.

*Abb. 3.1.2.2-1: Styropor und Styrodur kommen regelmäßig im Schutt vor, weil sie oft verdeckt eingebaut werden. (Quelle: Kamrath)*

Generell handelt es sich bis auf Holz in stärkeren Formaten primär um ein potenzielles Problem für die Förderbänder. Holz kann durch Verklemmen das Gummi der Förderbänder in Rekordzeit verschleißen oder sogar einreißen. Holz in kleineren Formaten sowie Schilf und Stroh sind hingegen eher ein Ärgernis, welches dafür sorgt, dass Siebeinheiten verstopfen und gereinigt werden müssen, wenn sie nicht z. B. über Wind- und Schwimmsichter abgeschieden werden.

## 3.1.2
Entkernung und Sanierung

*Abb. 3.1.2.2-2: Kunststofffensterrahmen können gut vor dem Abbruch per Bagger ausgebaut oder im Nachhinein aussortiert werden. Im Brecher können diese sehr stabilen Kunststoffprofile problematisch sein. (Quelle: Kamrath)*

*Abb. 3.1.2.2-3: Baumischabfall aus der Windsichterfraktion (Quelle: Kamrath)*

## 3.1.2 Entkernung und Sanierung

*Abtrennung per Windsichter*

Die Abtrennung per Windsichter ist hier die verbreitetere, da diese nicht die Problematik der Abwasserentsorgung und -aufbereitung birgt. Weiterhin ist diese zumeist aus Sicht der BImSchV und Betriebsgenehmigung nicht so problematisch wie eine wasserbasierte Trennung. Die Reinigungsleistung der Windsichter hängt davon ab, welche Fraktionen abgeschieden werden sollen. Ein schwerer (= dichteres) zu separierendes Sichtgut wie z. B. Holz erfordert eine höhere Gebläseleistung, was jedoch auch zu einem höheren Verlust an ausgeblasenem Produkt führt, während die leichteren Sichterfraktionen wie Folie oder Styropor ohne Fangung (z. B. Sichtschutznetze über einem Container) sehr weit verteilt werden. Eine geringer eingestellte Gebläseleistung führt daher dann eher zu einer höheren Ausbeute unter der Bedingung, dass schwerere Bestandteile nicht ausgeblasen werden.

*Abb. 3.1.2.2-4: Altholz (Quelle: Kamrath)*

*Abb. 3.1.2.2-5: Prallbrecher mit integrierter Windsichtereinheit; die Düse des Windsichters befindet sich unter dem Austragsband (1) der Nachsiebeeinheit (2) auf dem Überkornrückführband (3), das Magnetband (4) über dem Brecherabzugsband sowie dem ausgetragenen Schrott. Seitlich am Rahmen der Nachsiebeeinheit liegen das Gebläse (5) und die Schläuche des Windsichters. (Quelle: Kamrath)*

Für eine Schwimm- oder Dichtesichtung spricht jedoch die bessere Reinigung des Materials durch die Anlage sowie eine bessere Separationsleistung des Materials auf Basis dessen, dass die Dichte von mineralischen RCL-Produkten immer $> 1$ g/cm$^3$ ist. Hier besteht auch die Chance, noch Störstoffe wie gewisse Leichtbetone abzuscheiden. Gleichzeitig bekommt das Material eine Waschung, auch wenn diese eher ein Nebeneffekt ist, der in keiner Weise z. B. mit einer Bodenwaschanlage wie einer Schwertwäsche zu vergleichen ist.

Wird nach dem Bruch das Material direkt gesiebt, z. B. mit einer Nachsiebeeinheit, welche z. B. bei mobilen Prallbrechern notwendig ist, um eine definierte Korngröße zu erhalten, können erhöhte Anteile an Leichtstoffen die Siebeinheit schnell verstopfen, was eine zeitaufwendige Reinigung der Siebböden bedingt.

## 3.1.2

Seite 18

Entkernung und Sanierung

*Abb. 3.1.2.2-6: Raupenmobiler Schwimmsichter in Transportstellung; im Betrieb wird der Aufbau gekippt (im Bild nach links), der Einlauf (1) liegt im Bild auf der linken Seite (er ist für die Förderbandaufgabe ausgelegt), hier befindet sich das wassergefüllte Becken (2). Schwimmende Stoffe werden mit einer mit Besen versehenen Kette (3) quer über den Beckenrand befördert, das dichtere Material wird mittels einer Förderschnecke (4), welche in der Wanne über den Ketten läuft, nach oben ausgefördert und über das Förderband (5) auf eine Halde oder in die nächste Stufe der Aufbereitung befördert. Die Maschine darf nicht mit Sand oder Lehm betrieben werden, da der Antrieb (6) der Transportschnecke sonst überlastet wird.*
*(Quelle: Kamrath)*

### Metalle

#### FE-Metalle

*Ferromagnetische Metalle*

Unter FE-Metallen versteht man ferromagnetische Metalle wie Stahl, welche massenhaft als größte Schrottfraktion in der Bauschuttaufbereitung anfallen. Im Rahmen eines modernen Abbruchs mit Betonscheren und der Aufbereitung mit Pulverisierern werden diese durch in beide Werkzeuge integrierte Scherenklingen in kleine Stücke geschnitten. Hierbei zerkleinert ein Bagger mit der Betonschere Bauteile auf eine für ihn händelbare Größe. Die Armierung wird hier entsprechend der Stückgröße entlang des Schnitts gekappt. Der Pulverisierer dient dazu, das Material auf eine dem Brecher kompatible Größe zu verkleinern (üblicherweise

$\leq 50\,\text{cm}$) und weitere Armierung aus dem Beton zu entfernen.

Hierbei fallen weitere kleine Stücke aus Armiereisen an, welche sich durch einen Anbaumagneten (es handelt sich i. d. R. um einen hydraulisch angetriebenen Elektromagneten) am Bagger sehr gut aus dem Betonschutt separieren lassen.

Eine Besonderheit stellen Aufzugsgewichte dar, welche gerne beim Abbruch im Schutt „verloren" werden. Diese sind im Grunde genommen große Eisenbarren, die ein Brecher nicht zerkleinern kann. In der Konsequenz wird bei einem Backen- oder Prallbrecher in diesem Fall irgendwann eine Sicherungsmaßnahme ausgelöst, die sog. Druckplatte. Bei den Druckplatten handelt es sich um eine vorgestanzte Stahlplatte, welche den Überdruckablass blockiert. Schlägt ein nicht brechbarer Fremdkörper bei einer Prallmühle auf der Prallschwinge auf oder blockiert bei einem Backenbrecher die Brechbacken, bricht die vorgestanzte Sollbruchstelle auf und öffnet so den Notablass der hydraulischen Verstellzylinder. In diesem Fall sinkt die Brechleistung auf null, und der Brecher muss gereinigt, der Fremdkörper entfernt und die Druckplatte ersetzt werden. Nachdem das Hydrauliköl aufgefüllt und der Brecher neu eingestellt ist, kann weitergearbeitet werden. Ohne diese Druckplatten würden die Brecher erhebliche Schäden nehmen.

*Besonderheit: Aufzugsgewichte*

## 3.1.2
Entkernung und Sanierung

*Abb. 3.1.2.2-7: Schrott aus dem Rückbau – links Träger- und Blechschrott, rechts Armiereisen (Quelle: Kamrath)*

> Bei der Schuttaufbereitung sollte darauf geachtet werden, dass der Schutt nicht wortwörtlich pulverisiert wird. In diesem Fall sinkt die Ausbeute an nutzbarer Körnung, unabhängig von der Bauart des Brechers, massiv ab.

Gerade kurze Stücke dicker Armiereisen weisen eine sehr hohe Festigkeit auf und können problemlos die Förderbänder eines Brechers aus Gummi mit Kunstfasergewebe durchstoßen und diese aufschlitzen. Lange dünne Armierdrähte z. B. aus Betonrohren können bei Prallmühlen dazu führen, dass diese sich um den Brecherrotor wickeln und so die Schlagleisten blockieren. Diese Drähte müssen dann per Hand abgeschnitten werden.

### NE-Metalle

*Nichteisenmetalle*

Unter NE-Metallen versteht man nicht Nichteisenmetalle wie Kupfer oder Aluminium, welche von konventionellen Magneten nicht erfasst werden können. Diese können als Folien, Dünnblech, Wasserrohre, Kabel etc.

anfallen. Problematisch hierbei sind zumeist Bleche, welche z. B. als Aluminiumfensterbänke vorkommen können. Neben dem hohen Schrottwert dieser Metalle kann eine mangelhafte Separation von Blechen, Rohren oder Stangen zu Schäden am Brecher durch perforierte oder aufgeschlitzte Förderbänder führen. Diese können über Wirbelstromabscheider aus dem Schuttgemisch entfernt werden.

*Abb. 3.1.2.2-8: Klassischer Kabelschrott (links) und Aluminiumschrott (rechts) (Quelle: Kamrath)*

### Leichtbeton und gipsbasierte Baustoffe

Reste von Gipsprodukten wie Ytong, Gipskarton, Anhydridestrich, Rabitz etc. sollten bei einer angestrebten hochwertigen Verwertung tunlichst vermieden werden. Durch das Basismaterial Gips (= Calciumsulfat) würden bei erhöhten Anteilen die Sulfatwerte der Eluate extrem steigen und könnten aus einem vermarktbaren Produkt mit einem (aus der Sicht des Anlagenbetreibers) positivem Wert einen teuren Abfall mit einem hohen negativen Wert machen. Ebenfalls sind die bautechnischen Eigenschaften durch die geringe Festigkeit negativ beeinflusst, was zu einer geringwertigen Verwertung oder sogar zur Beseitigung führt.[1]

Leichtbetone weisen wegen ihrer sehr geringen Dichte verglichen mit normalem Beton keine hohe Festigkeit auf, was dazu führt, dass ein leichtbetonhaltiger MEB schon bei Verdichtung sehr viel Volumen verliert und es später zu erheblichen Setzungen kommen kann. Derzeit sind für Leichtbetone jedoch erste Anlagen im Versuchsstadium, um den Leichtzuschlagsbedarf durch Sekundärrohstoffe zu decken anstatt zu 100 % aus Primärrohstoffen.

### 3.1.2.3 Korngrößenverteilung

Die Korngröße hat v. a. für die Verarbeitung in der Recyclinganlage eine erhebliche Bedeutung. Damit ein Brecher, unabhängig von der Bauart, seinen maximalen Durchsatz schafft, muss zum einen das Zerkleinerungsverhältnis passen, d. h., das Material darf nicht zu fein sein. Auf der anderen Seite brauchen zu große Stücke sehr viel mehr Brecharbeit und/oder Rücklauf vom Nachsieb in den Brechereinlauf, was wiederum den stündlichen Output reduziert. Handelsübliche mobile Brechanlagen sind mit Vorsiebeeinheiten ausgestattet, welche über ein Seitenaustragsband zu feines Material

---

[1] Zum Verständnis: Gemäß § 3 Abs 1 KrWG handelt es sich bei Verwertung um die Bearbeitung eines Abfalls oder Gegenstands, um ihn in anderer Form wieder einem Nutzen bzw. einer Funktion zuzuführen. Bei der Beseitigung handelt es sich um die endgültige Ausschleusung eines Materials. Beides zusammen wird als Entsorgung bezeichnet.

austragen können. Hier kann schon das erste Produkt anfallen, ohne dass viel Aufwand betrieben werden muss.

Die Kapazität der Vorsiebeeinheiten ist begrenzt durch zwei Faktoren:

*Kapazität der Vorsiebeeinheiten*

- durch den oder die eingelegten Siebböden, deren Leistung durch die Maschenweite (je kleiner, desto langsamer wird gesiebt) und die Gestaltung des Siebbodens (Lochblech, Gitterrost, Schlitzrost) bzw. das Verhältnis zwischen Maschenfläche zur Grundfläche, den evtl. eingelegten zweiten Siebboden des Vorsiebs (je weniger Stegfläche das Sieb hat, desto mehr Material kann durchfallen, am besten sind hier dünne Stege, am schlechtesten sind hier Lochbleche, auch wenn diese am robustesten sind) bestimmt wird, und

- die Ausgabegeschwindigkeit aus dem Bunker. Je feiner das Material ist, desto mehr Zeit braucht es auf dem Vorsieb, um den notwendigen Trennschnitt zu erreichen, was in einer geringeren Förderung in den eigentlichen Brecher resultiert, was wiederum zulasten des Outputs geht.

Die genauen Details hierzu werden im Kapitel 3.4.1 erläutert.

*Abb. 3.1.2.3-1: Abgesiebte Fraktion aus Mischschutt-Recycling; gut zu sehen sind Ziegel, Keramikfliesen und verschiedene Betone. (Quelle: Kamrath)*

### 3.1.2.4 Stoffliche Zusammensetzung

Die stoffliche Zusammensetzung beschreibt in der Baustoffprüfung die Zusammensetzung eines Recyclingmaterials und beschreibt, aus welchen Stoffen sich das Gemisch zusammensetzt.

Die stoffliche Zusammensetzung des Materials bestimmt die Möglichkeiten der Verwertung im Recyclingprozess. Je reiner das Material in der stofflichen Zusammensetzung ist, desto höherwertiger kann die Verwertung erfolgen.

## 3.1.2 Entkernung und Sanierung

Exemplarisch sind die wichtigsten Recyclingbaustofftypen und ihre Anforderungen an die stoffliche Zusammensetzung angegeben.

Oft wird in der öffentlichen Diskussion beschrieben, dass die Verwendung von RCL oder im Sinne der Ersatzbaustoffverordnung MEB (mineralische Ersatzbaustoffe) ein Downcycling darstellt. Wer sich mit dem Thema der Kriterien für qualifizierte Schichten im Straßenbau beschäftigt hat, wird an dieser Stelle wohl klar der fachunkundigen öffentlichen Diskussion widersprechen. Diese kann nur gestoppt werden, indem genug Gegenargumente in der Öffentlichkeit verbreitet werden.

Unten stehend sieht man die gängigen Erd- und Straßenbaustoffe aus MEB, wie Schottertragschicht, Frostschutzschotter oder das typische, nach ZTV BuB E-St qualifizierte Misch-RCL, welches gerne im Erdbau als billiges Material verwendet wird (z. B. in Leitungsgräben). Weiterhin sind RCL-Typen für die Betonindustrie angegeben.

| Anforderungen an die stoffliche Zusammensetzung von mineralischen Recyclingbaustoffen | | | | | | |
|---|---|---|---|---|---|---|
| | Maximaler Anteil in M.-% | | | | | |
| Materialbezeichnung: | Frostschutzschotter/ Schottertragschicht[1] | Recycling-erdbaustoff | TYP 1 Splitt (Beton) | TYP 2 Splitt (Bauwerkssplitt) | TYP 3 Splitt (Mauerwerkssplitt) | TYP 4 Splitt (Mischsplitt) |
| Regelwerk: | TL SoB-StB | ZTV BuB E-STB | DIN EN 12620/DIN 1045/DAfStB-Richtlinie[2] | | | |
| Chemische Eigenschaften: | Ersatzbaustoffverordnung, Anhang 1 Tab. 1, ggf. Tab. 4 | | DIN 4226-101:2017-08 | | | |
| Verwendung: | Straßenbauschichten | Erdbau | R-Beton allgemein | R-Betone bis C25/30 | | R-Betone bis C8/10 |

# 3.1.2

## Entkernung und Sanierung

**Anforderungen an die stoffliche Zusammensetzung von mineralischen Recyclingbaustoffen**

| Stoffgruppe | | | | | | |
|---|---|---|---|---|---|---|
| Beton, Betonprodukte, Mauersteine aus Beton, hydraulisch geb. Gestein Körnung | 26,3–100 | beliebige Verteilung, Zusammensetzung muss angegeben werden | 90 | 70 | 20 | 80 |
| Nat. Festgestein[3]/Kies | 26,3–100 | | 90 | 70 | 20 | |
| Ziegel, Klinker, Steinzeug | $\leq 30$ | | 10 | 30 | 80 | |
| Kalksandstein, Mörtel etc. | $\leq 5$ | | 10 | 30 | 5 | |
| Schlacken (Hochofen-, Stahlwerks-, Metallhüttenschlacke) | 26,3–100 | | keine Verwendung in R-Betonen | | | |
| Asphalt-Granulat[4] | $\leq 30$ | $\leq 10$ | $\leq 1$ | $\leq 1$ | $\leq 1$ | $\leq 20$ |
| Glas | $\leq 5$ | beliebige Verteilung | $\leq 0,5$ | $\leq 1$ | $\leq 2$ | $\leq 1$ |
| FE- und NE-Metall | $\leq 2$ | | | | | |
| Mineralische Leicht- und Dämmbaustoffe (Poren-/Bimsbeton) | $\leq 1$ | | | | | $\leq 20$ (zusammen mit Asphalt) |
| Nichtschwimmende Fremdstoffe wie Gummi, Kunststoffe etc. | $\leq 0,2$ | $\leq 0,2$ | | | | $\leq 1$ mit Glas und Metallen |
| Gipshaltige Materialien | $\leq 0,5$ | beliebige Verteilung | | | | |
| Schwimmendes Material | | | $\leq 0,2$ | $\leq 2$ | $\leq 2$ | |

[1] Das Material für eine Schottertragschicht und ein Frostschutzschotter unterscheidet sich primär durch die Sieblinie sowie einige Zusatzuntersuchungen im Zusammenhang mit der Materialfestigkeit.
[2] DAfStb-Richtlinie Beton nach DIN EN 206-1 und DIN 1045-2 mit rezyklierten Gesteinskörnungen nach DIN EN 12620
[3] Hier ist z. B. aufbereiteter Gleisschotter ein hochwertiger Rohstoff, mehr dazu unter 3.1.8 „Gleisschotter".
[4] Die Ersatzbaustoffverordnung sieht eine Verwertung vor.

*Tab. 3.1.2.4-1: Typen recyclierter Gesteinskörnungen im Straßen-, Erd- und Betonbau (Quelle: Kamrath; aus: https://www.wecobis.de/bauproduktgruppen/grundstoffe-gs/gesteinskoernung-gs/rezyklierte-gesteinskoernung.html und angegebene Regelwerke)*

## 3.1.2 Entkernung und Sanierung

Der Typ-1-Splitt aus mindestens 90 % Beton ist derzeit hier das verbreitetste Material. Aufgrund seiner hohen Anforderungen steht hier der Straßenbau mit seinem hohen Bedarf an qualifizierten Recycling-Materialien in direkter Konkurrenz, da der Betonanteil in Schottertragschichten und Frostschutzschichten rechnerisch 26,3[1]-100 M.-% betragen muss. In der derzeitigen Diskussion richtet sich die Sicht hier klar auf ein möglichst betonreiches Material aus, welches in entsprechenden Qualitäten R-Beton ermöglicht.

*Typ 1 Splitt aus mind. 90% Beton*

Hier wird argumentiert, dass der Beton, welcher in einem Typ-1-Splitt verbraucht wird, 1:1 aus dem Straßenbau abgezogen wird und die Qualitäten der Erd- und Straßenbauprodukte hierunter leiden würden. Die klassische Frage lautet: „Was macht man dann mit dem Rest?"

Vernachlässigt werden hierbei jedoch klar die technischen Möglichkeiten, welche die Splitte Typ 2, 3 und auch 4 bieten können. Die Typen 2 und 3 sind gemäß der aktuellen Normung bis C25/30 zugelassen, was bedeutet, dass sie für viele Normalbetonprodukte infrage kommen, z. B. Betonblock „Legosteine" oder die meisten Anwendungen im Wohnbereich. Selbst die Mischsplitte lassen sich noch als Magerbetonkörnung verwenden.

---

[1] Unter Ausschöpfung der Grenzwerte aller Stoffe aus Naturstein, Beton und auch Schlacken. Bei einer Ausreizung dieser Grenzwerte ist jedoch fraglich, ob sich das Material noch für höhere Funktionen wie FSS oder STS in der baustofftechnischen Untersuchung qualifiziert.

Das Problem dabei liegt jedoch nicht in der technischen Anwendbar- oder Herstellbarkeit, sondern eher in der Marktakzeptanz und den technischen Voraussetzungen in den Betonwerken, denn jede Körnung muss separat z. B. in Silos gelagert werden.

Für die flächenhafte Verwendung von RC-Körnungen verschiedener Klassen sind die wenigsten Betonwerke in ihrer Misch- und Lagertechnik ausgerüstet.

*ZTV-BuB-E-StB-Material*

Das ZTV-BuB-E-StB-Material stellt auf den ersten Blick die geringwertigste Verwertung dar, jedoch handelt es sich hierbei um eine bewusst offene Klassifizierung, da hier eigentlich primär aufbereitete Böden aus Boden-Bauschutt-Gemischen verwertet werden sollen. So müssen hier die mögliche Proctordichte, die Plastizität, der Wasseranteil, der Massenanteil < 4 mm und die stoffliche Zusammensetzung angegeben werden.

Die einzigen Disqualifikationen sind ein Asphaltgehalt von > 10 M.-% und der Anteil nichtmineralischer Fremdstoffe von > 0,2 M.-%. Wie aus den Anforderungen ersichtlich wird, ist dieses Material bis zum Inkrafttreten der EBV das häufigste „güteüberwachte" Material gewesen, welches auf dem Markt anzutreffen war, außerdem diente es in Betrieben, die selbst recycelten, oft als „Müllschuttsenke", in der das Ganze nicht besser zu verwertende Material versenkt wurde, während der Beton nahezu komplett in Frostschutzschotter und STS umgesetzt wurde.

*Problematik der Leichtbetone*

Was hier nicht oder nur in sehr geringem Umfang auftaucht, ist die Problematik der Leichtbetone, welche streng genommen ebenfalls Betonprodukte darstellen, jedoch vom Normalbeton durch ihre Zuschläge bzw. Gesteinskörnung sehr unterschiedliche Eigenschaften

## 3.1.2 Entkernung und Sanierung

in Hinblick auf Dichte und Festigkeit haben. Daher sind sie ebenso wie Asphalt und Gipsreste in den Regularien streng begrenzt. Die Gründe hierfür liegen in den jeweiligen Stoffeigenschaften.

Während Leichtbeton im Straßenbaumaterial die Standfestig- und Verdichtungsfähigkeit reduziert, kann ein Asphalt in einem Betonzuschlag aufgrund seiner Hydrophobie, also der Wasserabstoßung, die Kohäsion eines Betonkörpers schwächen, da der Zementleim keine feste Bindung mit dem Asphalt herstellen kann. Gleichzeitig sieht die Norm eine sehr hohe Grenze von bis zu 30 M.-% für Asphaltgranulate in RCL-Typen für den Straßen- und Tiefbau vor, was auf die mechanischen Eigenschaften zurückzuführen ist. Ebenso sieht es mit der Korngrößenverteilung aus. Die Betonhersteller wünschen sich i. d. R. ein möglichst grobes Material, welches den Wasser- und Zementbedarf senkt.

Übrigens wird Asphalt explizit von der EBV als Bestandteil von MEB ausgeklammert, da hier eine Verwertung in Asphaltmischwerken gewünscht wird. Wie die Kapazitäten hierzu in den Mischwerken aussehen, war hier offensichtlich keine Überlegung oder unbekannt.

## 3.1.2

Entkernung und Sanierung

## 3.1.3 Auswirkungen der EBV – Rückkopplung zwischen Entkernung, Sanierung, Rückbau und WPK, Risiken

Durch die Einführung der Ersatzbaustoffverordnung am 09.07.2022 hat sich der Rahmen von Produktion und Verwendung von Recyclingbaustoffen sehr stark verändert. Jedoch muss hier klar gesagt werden: allerdings nur dort, wo mineralische Ersatz-Baustoffe (MEB) als Recyclingbaustoffe erfasst werden, welche in technischen Bauwerken, also Rohrgräben, Geländeauffüllungen, Baugrundertüchtigungen, Lärmschutzwällen etc., entstehen. Nicht Teil der EBV sind die Verwertungen z. B. im Beton oder in anderen Bauprodukten, die nicht in oder auf dem Boden als Körnung in Kontakt stehen.

Stand November 2023 befinden sich alle möglichen Akteure noch in der Findungsphase, und es entwickeln sich erst langsam die Verfahren, wie mit der neuen Rechtsgrundlage umgegangen wird. Gleichzeitig befindet sich die EBV jedoch bereits wieder in der ersten Novellierung, sodass hier eine Restunsicherheit bleiben wird.

Abgesehen von der Anforderung, dass alle Produzenten bzw. gemäß der Terminologie der EBV „Inverkehrbringer" ihre Produktion in die Güteüberwachung überführen müssen, stellt die Umstellung auch alle anderen Glieder (Bauunternehmen, Gutachter, Labore, Inverkehrbringer, Baustoffprüfer) in der Kette vor erhebliche Herausforderungen.

# 3.1.3

Seite 2

Auswirkungen der EBV

Neben den vielfältigen Problemen der Labore mit der Umstellung durch die neue Probenaufbereitung insbesondere der Eluate, die Kosten und den Aufwand für die vollumfängliche LAGA PN98 für die Gutachter und die Orientierungslosigkeit der Behörden, welche mit dem Umstellungsprozess einhergehen, gibt es mit der EBV 2 bis 3 wesentliche Probleme für Unternehmen im Abbruch, die ihr Schuttmaterial recyceln wollen.

**Zum einen ist da das Problem der mobilen Aufbereitung.**

Grundsätzlich ist diese Maßnahme gerade bei größeren Baustellen bisher sowohl wirtschaftlich wie auch im Sinne der Klima- und Ressourcenschonung sehr sinnvoll, entfallen hier ja unzählige Tonnenkilometer und damit $CO_2$-Emissionen, wenn kein Material von der Baustelle ab- oder zu dieser angefahren werden muss. Ebenso sind Primärrohstoffvorkommen dadurch geschont worden.

*EBV fordert Güteüberwachung von mobilen Aufbereitungen*

Dies geht durch die EBV nicht mehr so einfach. Durch die EBV muss eine mobile Aufbereitung ebenso güteüberwacht werden wie eine stationäre Anlage. Das Problem dabei ist jedoch in der EBV der Eignungsnachweis nach § 5, wobei hier erwähnt werden muss, dass diese Eignung sich nur auf die chemischen Eigenschaften des MEB bezieht, nicht auf die baustofftechnischen Eigenschaften (vor der EBV war dies anders, Material musste i. d. R. baustofftechnischen und wasserrechtlichen Kriterien genügen, wobei der Fokus auf der Baustoffprüfung lag).

Dieser Eignungsnachweis muss gem. § 10 Abs. 1 durch zeitaufwendige und damit teure Säuleneluate erbracht werden. Sobald die Anlage zu einer anderen Charge auf derselben Baustelle oder die Baustelle wechselt, muss dieser Eignungsnachweis wieder neu erbracht werden.

Nach aktuellem Stand sprechen die Labore hier bzgl. der Bearbeitungsdauer für ein ausführliches Säuleneluat von sechs bis acht Wochen, sodass es wahrscheinlich ist, dass zwischen Probebruch und der Produktionsfreigabe auf der Baustelle zehn bis zwölf Wochen vergehen können, in denen auf die Ergebnisse gewartet werden muss. Da bautechnische Eigenschaften, wie die direkt vom Brecher abhängige Kornform, in der EBV nicht berücksichtigt werden, wäre z. B. ein Probebruch zu einem rechtzeitigen Zeitpunkt mit einem Brecherlöffel oder einem Minibrecher auf Pkw-Anhängerchassis denkbar, um die Transportkosten für eine mobile Brechanlage zu sparen.

**Der nächste Punkt wären die Konsequenzen für die Sanierung.**

Hier zu nennen wäre zum einen die PAK-Sanierung, da für die LAGA M20 TR Bauschutt für die polyaromatischen Kohlenwasserstoffe noch bei 75 mg/kg für die höchste Einbauklasse Z2 lag, sinken diese mit der EBV auf 20 mg/kg bei RC 3 ab. Eine Alternative stellen hier die Splitte für die Betonindustrie dar, diese erlauben immerhin gemäß DIN 4226-101:2017-08 25 mg/kg für PAK.

Diese Verschärfung der PAK-Grenzwerte erfordert eine deutlich intensivere Beschäftigung mit PAK-haltigen Baustoffen und v. a. der Sekundärbelastungen in der Planungsphase. Werden hohen Belastungen z. B. in einer Dampfsperre im Fußboden oder dem Mauerwerk festgestellt, sollte die Bausubstanz, welche im direkten Kontakt mit dem belasteten Bauteil ist, auf Sekundärbe-

# 3.1.3
Seite 4

Auswirkungen der EBV

lastungen geprüft werden, um nicht zu riskieren, dass der gesamte Schutt statt in die Verwertung in die Beseitigung läuft, also auf die Deponie verbracht werden muss.

Es bleibt abzuwarten, welche weiteren Implikationen die geänderten und teilweise neuen (z. B. PAK & PCB im Eluat bei Böden) Grenzwerte auf die Sanierung und den Abbruch haben werden. Dies wird sich jedoch erst mit der Zeit zeigen, wenn weitere Vergleichsdaten vorliegen.

**Der dritte Punkt ist die geänderte analytische Vorgehensweise.**

*Lange Analysezeiten*    Reichten in den meisten Fällen gemäß LAGA M20 zwei Proben pro 500 m³, setzt die EBV eine PROBENAHME nach LAGA PN98 voraus. Dies bedeutet bei 500 m³ Haufwerken zu nehmende neun Proben, von denen zwei auf jeden Fall ins Labor müssen, und sieben weitere, die bis zum Vorliegen der Ergebnisse der ersten Proben zwischengelagert werden müssen. Dann müssen diese entweder entsorgt werden, weil das Material eine homogene Schadstoffverteilung hat, oder zumindest mit den einstufungsrelevanten Parametern im Labor untersucht werden.

Da derzeit eine EBV-Analyse zwischen zwei und vier Wochen benötigt, führt dies zu extremen Wartezeiten, die früher so nicht existierten und Terminpläne auf den Baustellen gefährden oder sogar extrem in die Länge ziehen, wenn die richtige Analytik nicht vorliegt. Unterhält man sich mit den Laboren, wird die Bearbeitungsdauer sich wahrscheinlich im Zuge der Umstellung und des Auslaufens der LAGA-Analysen wohl mittelfristig auf fünf bis sieben Arbeitstage reduzieren. Vergleicht man dies damit, dass teilweise LAGA-Analysen mit 48 Stunden Bearbeitungszeit angeboten werden, ist dies jedoch ein sich tendenziell verringerndes Problem, aber nichtsdestotrotz wird man hier mehr Aufwand in die Verwertungsplanung stecken müssen.

Ebenso müssen sich die Labore auf einen höheren Probendurchsatz durch eine gestiegene Probenanzahl und die Bauherren und Unternehmer auf höhere Analysekosten einstellen. Auch hier bleibt abzuwarten, wie sich die Analytik weiterentwickeln wird. Für die Inverkehrbringer bzw. Produzenten heißt dies auch, dass die Ergebnisse der WPK und Fremdüberwachung deutlich später, teilweise vielleicht zu spät vorliegen können, wenn es um Probleme mit den chemischen Produkteigenschaften geht.

**Ein weiteres Problem stellt die Verwertung von Asphalt dar.**

Konnten im Frostschutzschotter 30 % teerfreier Asphalt verwertet werden, fallen diese in der EBV wegen der hohen Wahrscheinlichkeit von Grenzwertüberschreitungen in den Eluaten durch die immer enthaltenen PAK auf. In der Konsequenz gehen viele Inverkehrbringer dazu über, Asphalt ganz aus ihren Produkten zu entfernen. Gleichzeitig ist unklar, ob gebrochener Asphalt oder Asphaltfräsgut weiterhin zur wasserdurchlässigen Oberflächenbefestigung verwendet werden kann. Dies sorgt in Kombination mit den begrenzten Recyclingkapazitäten der Asphaltmischwerke für weitere Probleme und Kosten in der Verwertung von Altasphalt.

## Auswirkungen der EBV

**Ein weiterer wichtiger Kritikpunkt ist das Ende der Abfalleigenschaft.**

Diese ist zwar bereits in § 5 Abs. 1 des Kreislaufwirtschafts-Gesetzes definiert, jedoch wurde dieser Gesetzespassus in der Realität durch die Aufsichtsbehörden stets ignoriert, und man hat sich darauf versteift, dass ein Recyclingbaustoff, z. B. ein RC-Splitt Typ 1, auch aus CE-zertifizierter, güteüberwachter Verwertung bis zum Endverbleib ein Abfall bleibt. Dies wiederum bedeutet, dass ein Betonmischer, wenn er R-Beton befördert, eigentlich ein „A"-Schild führen müsste. Dieser unsinnige Ansatz hat dazu geführt, dass die Abfalleigenschaft nicht in der EBV festgeschrieben wurde. Da die Regularien hier auf Bundesebene weiterhin diesen Kritikpunkt nicht adressieren, wurden in verschiedenen Bundesländern eigene Regelwerke zum Produktstatus aufgestellt. Zu nennen wären hier beispielsweise Rheinland-Pfalz und Bayern.

Bayern ist hier sehr progressiv und gibt allen MEB den Produktstatus, solange sie die Kriterien von § 5 Abs 1 KrWG und die Vorgaben der EBV einhalten.

Rheinland-Pfalz ist hier deutlich konservativer, da man den Produktstatus nur an MEB der Klassen bis RC-1 bzw. BM-F1 anerkennt. Insgesamt stellt der Themenkomplex Produktstatus in der EBV einen wichtigen Diskussionspunkt zwischen Gesetzgeber und den entsprechenden Fachverbänden dar. Daher ist eine Abfallende-Verordnung bereits in der Erstellung.

Insgesamt muss man sagen, dass die meisten Punkte der EBV bereits in der ein oder anderen Variante in bestehenden Regelwerken existierten, jedoch weder seitens der Behörden noch bei den wirtschaftlichen

Akteuren „gelebt wurden". Bei größeren Verwertern, welche bereits die Güteüberwachung für ihre Produkte eingeführt hatten (z. B. nach NRW-Verwerte-Erlass mit Eintrag in die Testatliste), ändert sich nicht viel. Für kleine Akteure jedoch, welche bisher unter dem Radar liefen, ändert sich jetzt sehr viel. Egal, ob reiner Aufbereiter oder Eigenverwertung. Insgesamt wird dies zu einer Verringerung der möglichen Kippstellen führen, jedoch wird hier die Qualität der am Markt befindlichen Produkte tendenziell steigen.

Durch die vielen Unklarheiten ist im Laufe der Evaluierungsphase der EBV noch mit zahlreichen landesspezifischen Stellungnahmen, Festlegungen, Erlassen und Leitfäden, Merkblättern etc. zu rechnen, da hier einfach zu viele Punkte offen sind. Das Ziel der EBV, ein bundeseinheitliches Regelwerk zu erschaffen, wird dadurch natürlich konterkariert.

## 3.1.3
Auswirkungen der EBV

## 3.2 Erd- und Tiefbau

**Warum separierender Ausbau von unterschiedlichen Fraktionen auch hier wichtig ist**

Der Tiefbau stellt neben dem Abbruch die zweite große Quelle für recycelbare mineralische Abfälle dar. Diese liegen wie bereits beschrieben primär in der Form von Boden, Boden-Bauschutt-Gemischen und Betonschutt vor. Im Gegensatz zum Abbruch kommen hier neben anderen Ausgangsprodukten (mehr Betonprodukte, weniger Mauerwerksschutt) auch andere Belastungen vor, denn Betonbauteile und Bauwerke, welche unter der Erde liegen, haben vielfach ebenfalls eine Beschichtung bzw. Bitumendickbeschichtung zur Abdichtung gegen eindringendes Grundwasser, die PAK-haltig sein kann.

Grundsätzlich jedoch ist im Tief- und Erdbau erst einmal die Verwertung von Böden ein Thema, und hier geht es v. a. um Aushub als Massengut. Der separierende Ausbau von Bodenaushub ist eigentlich eine Selbstverständlichkeit, jedoch ist immer wieder festzustellen, dass aus gutachterlicher Sicht oft die Sensibilisierung für die Separation verschiedener Bodenfraktionen fehlt.

*Verwertung von Böden*

### 3.2.1 Separation von Böden

Die Separation von Böden entlang der Homogenbereiche nach DIN 18300 ist ein guter Schritt gewesen, jedoch müssen, erfahrungsgemäß, die Maschinisten generell hier deutlich besser instruiert und sensibilisiert werden, worauf sie achten müssen.

Dies betrifft sowohl die Konsequenzen im positiven Sinne (z. B. Ausbau von gut vermarktbaren Materialien wie Frostschutz- oder Schottertragschichten oder die Separationen von lehmigen Auflagen wie Hochflutlehme am Rhein oder Rotlage auf Kalkkiesen der Isar) als auch im negativen, z. B. durch die Verwendung von RCL als „Antihaftmittel" in der Kippermulde bei klebrigem Aushub oder „Verschwinden-Lassen" von abweichend belastetem Material bspw. mit Zementschlämmen von Ankerbohrungen.

In all diesen Fällen können die Recyclingquote, -qualität und auch die Ertragslage der Baustelle beeinflusst werden, und alle Beteiligten wie Baggerfahrer, Polier oder Bauleiter sind hier gefragt, zusammenzuarbeiten, um das optimale Ergebnis zu erzielen.

### 3.2.2 Beton, Mischschutt und Boden-Bauschutt-Gemische

#### 3.2.2.1 Betonschutt

Betonschutt fällt im Tiefbau v. a. in zwei Varianten an. Die eine sind Betonwaren wie Pflaster, Rohre, L-Steine, Blocksteine, sonstige Fertigteile etc., zum anderen handelt es sich um Beton, welcher beim Rückbau von unterirdischen Bauten wie Schachtbauwerken, Fundamenten etc. anfällt. Diese sind in der Summe nicht in der Menge wie z. B. beim Rückbau von Bauwerken wie Brücken oder Gebäuden vertreten. Jedoch liefert gerade die Fraktion von Pflaster und anderen überirdisch verbauten Betonprodukten eine Quelle für hochwertigen Betonschutt, aus welchem sich höchstwertige MEB herstellen lassen.

Eine wichtige Voraussetzung gerade bei Pflastern ist der Ausbau, ohne dass große Mengen Boden mit ausgebaut werden. Hierbei können der Unterbau aus Pflastersplitt sowie der Schotterunterbau in einem Zug ausgebaut werden, jedoch sinkt hier die Güte des Materials, da der Feinanteil deutlich ansteigt. Besser ist es hier, das Pflaster per Sieblöffel auszubauen und den Unterbau separat zu verwerten. Das meiste davon landet im Zuge der Vorabsiebung des Brechers entweder in der Vorsiebfraktion oder bei Verwendung von Blindbelägen im Vorsieb im Feinkorn-Bypass des Brechers, welcher das Material dann am Brecher selbst vorbei wieder dem Brecheraustragsband und somit dem Produkt zuführt.

*Besser separater Abbau von Pflaster und Unterbau*

Im Gegensatz zum einfachen Recycling von Pflastern benötigt die Verwertung von armierten Betonprodukten wie L-Steinen oder Betonrohren eine vorherige Aufbereitung des Materials, um die Armierung zu entfernen oder zumindest zu reduzieren. Diese müssen also erst pulverisiert werden. Hierbei ist zu erwähnen, dass gerade bei Rohren teilweise wirklich starke und umfangreiche Armierungen entfernt werden müssen. Besonders bei unterirdischen Bauwerken aus Beton muss auf die Belastung des Materials mit PAK aus Abdichtungen geachtet werden. Ebenso können hier Sulfate aus gipshaltigen Abbindeverzögerern oder MKW/PCB aus Schalölen oder Anstrichen eine erhöhte Einstufung bedingen. Bei alten Bauwerken kann auch das Chrom als Chrom(IV)-Verbindungen, den Chromaten, problematisch werden. Eine typische, wenn auch ungefährliche Belastung sind Chloride in Altpflastern. Diese stammen meist aus Tausalz. Bei diesen bietet sich eine Verwertung in der Splittproduktion an, da hier die Abgabe von Salz an den Boden keine Rolle spielt.

*Abb. 3.2.2.1-1: Beispiel für einen Ortbeton-/Fertigteilschacht aus der Baureifmachung des ehem. KKW Mülheim-Kärlich, ca. 5 x 3 x 2,5 m (Quelle: Kamrath)*

Wichtig in der Deklaration ist auch die Tatsache, dass der erhöhte pH-Wert und elektrische Leitfähigkeit auf die Probenaufbereitung zurückzuführen sind, bei der das Material zerkleinert wird. Durch diese Zerkleinerung werden nicht abreagierte Zementbestandteile (Calciumhydroxide) freigesetzt, welche in der Betonaushärtung nicht abreagieren konnten. Durch die $CO_2$-Exposition des Calciumhydroxids reagiert dieses binnen kurzer Zeit an den exponierten Grenzflächen ab und bildet unschädliches Calcium-Carbonat (Kalk). Daher sind die Parameter in der EBV Anhang 1 Tab. 2 auch nur als materialspezifischer Orientierungswert und nicht als Grenzwert angegeben, welcher bei Abweichungen auf seine Ursache überprüft werden soll.

Im Zuge der Neufassung der LAGA M23 gibt es bei Beton aus dem Abbruch von Gebäuden und Bauwerken v. a. mit Stahlbeton noch folgendes Problem: Hier werden die Abstandshalter aus Asbestzement auf der ersten Armierungslage zur Schalung hin, also den Wandoberflächen, sowie auf der Unterseite von Decken und Böden und zwischen den Schalungen platziert und zur

Fixierung der Schaltafeln durch Gewindestangen verwendet.

### 3.2.2.2 Mischschutt

Mischschutt, also Gemische aus verschiedenen mineralischen Baustoffen wie Ziegel, Kalksandstein, Beton etc., kommen im Bereich des Tiefbaus nur in geringen Mengen vor. Sie werden unter dem AVV 17 01 07 geführt, sofern sie keine gefährlichen Stoffe enthalten. Der gespiegelte Eintrag hierzu ist die AVV Nr. 17 01 06* „Gemische oder getrennte Fraktionen von Beton, Ziegeln, Fliesen und Keramik, die gefährliche Stoffe enthalten", welche übrigens auch für Beton gilt.

*Gemische aus verschiedenen mineralischen Baustoffen*

*Abb. 3.2.2.2-1: Mischschutt von einem Gebäude aus Ziegel-, Betonstein- und Bimsbetonmauerwerk; der Schutt sollte nochmals mit einem Magneten vom Schrott befreit werden. Danach könnte das Material als Typ-2- oder Typ-3-Splitt verwertet werden. (Quelle: Kamrath)*

Sie stammen zumeist aus der Beräumung von Baufeldern, Grenzmauern und unterirdischen, gemauerten Bauwerken wie gemauerten Kanälen oder alten Fundamenten, welche beim Rückbau früher nicht regelhaft entfernt, sondern nur mit Schutt verfüllt wurden (Rückbau bis knapp unter Geländeoberfläche war früher üblich).

*Kriegsschutt* Besonders ist darauf zu achten, dass gerade im städtischen Bereich oft Schutt aus den im Zweiten Weltkrieg zerstörten Gebäuden, also Kriegsschutt, unter diesen Massen ist. Diese haben dann meist noch stark erhöhte PAK-Gehalte, welche in den Standarddeklarationsanalysen auffällig werden.

> Ebenso muss bei verfüllten Abbrüchen aus der Zeit vor dem Asbestverbot der 1990er-Jahre oder kleineren Auffüllungen mit Schutt darauf geachtet werden, ob Asbestzement oder KMF in den Aushubmaterialien vorkommt. Hier kann kein Rohmaterial für RCL-Baustoffe gewonnen werden, sondern das Material muss beseitigt werden. Bei Nichtbeachtung drohen empfindliche Strafen (z. B. § 319 StGB „Baugefährdung"), wenn mit diesen unsachgemäß umgegangen wird.

Das Material bildet wegen seiner Heterogenität zumeist die Grundlage für Misch- und Auffüllungs-RCL als Erdbaustoff nach ZTV BuB-E StB-Material, welches für Baustraßen, Fallbetten, Bauräume, Leitungsgräben etc. dient. Ein typisches Problem hier sind v. a. Sulfate, die von gipshaltigen Putzen und Estrichen stammen und nur in Ausnahmefällen (z. B. Asbest- oder PCB-haltige Putze, Fliesenkleber, Spachtelmassen) entfernt werden. Das Material kann jedoch je nach Zusammensetzung und Belastungsgrad auch z. B. als Splitt verwertet werden (Typen 3 bis 4).

Erd- und Tiefbau

*Abb. 3.2.2.2-2: Boden-Bauschutt-Gemisch aus einer Auffüllung mit hohem RCL-Anteil, leider nicht sauber ausgebaut. Um ein brauchbares Material hieraus zu gewinnen, muss der grobe Schuttanteil abgesiebt und mit Körnung der hohe Feinkornanteil kompensiert werden. (Quelle: Kamrath)*

### 3.2.2.3 Boden-Bauschutt-Gemische

Boden-Bauschutt-Gemische treten zumeist in zwei Formen auf, zum einen als Auffüllung, welche v. a. auf zuvor genutzten Flächen z. B. in städtischen Lagen oder zuvor bebauten Brachen angetroffen wird, zum anderen bilden sie aber auch die erste Schicht zur Erstellung einer Baugrube nach einem Rückbau. Diese Unterscheidung ist also primär genetisch, stammt das Material aus einem modernen Abbruch oder stammt dieses z. B. aus dem Rückbau in der Vergangenheit oder Aufräumarbeiten nach dem Zweiten Weltkrieg.

In den letzten Fällen ist Vorsicht geboten. Schutt aus dem Abbruch unsanierter Gebäude oder Kriegsschutt weist i. d. R. erhöhte Schadstoffgehalte auf (bei Kriegsschutt insbesondere PAK), sogar Asbestbelastungen durch nicht sanierte Asbestprodukte können hier vorkommen. Ist dies nicht der Fall, ist es, abhängig vom Fremd- und Störstoffanteil sowie der Bodentextur (rollig/bindig) und Feuchtigkeit, relativ einfach, das Mate-

*Vorsicht geboten*

rial zu sieben und so den Bauschuttanteil zu separieren. Hierbei ist zu beachten, dass es erfahrungsgemäß zur Anreicherung von belasteten Komponenten im Feinkorn kommen kann. Die Schuttfraktion kann dann, in Abhängigkeit von der stofflichen Zusammensetzung, dem regulären Bauschuttrecycling zugeführt werden.

*EBV unterscheidet hier* Generell weisen diese Gemische die Eigenschaft auf, dass sie gemäß LAGA TR Boden (2004) ab 10 M.-% mineralsichere Fremdbestandteile (Schutt, Schlacke etc.) nicht mehr als Boden, sondern gemischter Bauschutt zu behandeln sind. Die EBV unterscheidet hier in den Schnitten 10 M.-% (BM-0/BG-0/BG-0*/BM-0*), 10-50 M.-% BM-F0* bis BM-F3 respektive BG-F0* bis BG-F3, alles darüber ist wohl in den Klassen RC1 bis RC3 einzustufen. Die EBV ist hier nicht so eindeutig wie die LAGA, ob Boden-Bauschutt-Gemische von 10 bis 50 % als Boden oder als Bauschutt in der Abfallverzeichnisverordnung, AVV, einzuschlüsseln sind.

Gemäß Anhang 1 Tab. 3 Fußnote 1 EBV gilt Folgendes:

*„Die Materialwerte gelten für Bodenmaterial und Baggergut mit bis zu 10 Volumenprozent (BM und BG) oder bis zu 50 Volumenprozent (BM-F und BG-F) mineralischer Fremdbestandteile im Sinne von § 2 Nummer 8 der Bundes-Bodenschutz- und Altlastenverordnung[1] mit nur*

---

[1] Gemäß § 2 Nr. 8 BBodSchV: „mineralische Fremdbestandteile: mineralische Bestandteile im Bodenmaterial oder im Baggergut, die keine natürlichen Bodenausgangssubstrate sind, insbesondere Beton, Ziegel, Keramik, Bauschutt, Straßenaufbruch und Schlacke".

*vernachlässigbaren Anteilen an Störstoffen im Sinne von § 2 Nummer 9[1] der Bundes-Bodenschutz- und Altlastenverordnung [...]."*

Im Kern ist also die Frage, ab wann ein Boden-Bauschutt-Gemisch mit der AVV 17 01 07 (Gem. Bauschutt) statt der 17 05 04 (Boden und Steine) eingeschlüsselt wird, aus Sicht des Autors nicht abschließend geklärt.

Die Separation von Boden und Bauschutt erfolgt zumeist mit Siebanlagen verschiedener Bauweisen.

### 3.2.3 Asphalt

Asphalt fällt logischerweise im Schwerpunkt beim Rückbau von asphaltierten Flächen an, ferner auch bei dem Rückbau von Abdichtungen technischer Bauwerke oder bei mit Asphaltgranulat („Fräsgut") befestigten Flächen. Die EBV sieht die Verwendung von Asphalt in MEB nicht mehr vor, diese sollen in Asphaltmischwerken verwertet werden, sollten diese teerfrei sein.

Pechhaltige Fraktionen sind thermisch zu behandeln und/oder zu deponieren. Im Gegensatz zur EV erlauben die ZTV derzeit noch eine Verwertung von bis zu 30 M.-% in Frostschutz und/oder Schottertragschichten. Da das Risiko gerade bei heterogenen Asphaltflächen das Risiko besteht, dass die PAK im Asphalt stark erhöht sind (pechhaltig), sollten diese nicht im RCL verwertet wer-

*Keine erhöhten PAK im RCL*

---

[1] Gemäß § 2 Nr. 9 BBodSchV: „Störstoffe: i. d. R. Gegenstände im Bodenmaterial oder im Baggergut, die deren Verwertungseignung nachteilig beeinflussen können, insbesondere behandeltes Holz, Kunststoffe, Glas und Metallteile".

den, da diese immer ein Risiko für die Erfüllung der Grenzwerte in der WPK darstellen.

Wirklich problematisch werden v. a. Gemische aus hochbelasteten, alten kohlenteerbasierten Schwarzdecken und dem Unterbau, denn diese können durch ihre meist sehr hohen Belastungen mit PAK schon in kleinen Mengen ganze Chargen so verunreinigen, dass eine Verwertung nicht mehr möglich ist. Mittlerweile sind diese teerbasierten Schwarzdecken zwar selten geworden, da sie bereits der Mitte der 1980er-Jahren verboten worden sind. Trotzdem kommt es immer wieder zu Funden. Gerade bei alten Straßen kann es sein, dass der alte Belag entweder PAK in die Tragschichten abgegeben hat (Sekundärbelastungen) oder sogar in mehr oder weniger feinen Bruchstücken in diese eingearbeitet worden ist.

Im Falle eines Fundes von teerhaltigen Schwarzdecken sollte immer auch eine Probesanierung der Schwarzdecke und ein Schurf durch den gesamten Unterbau durchgeführt werden, bei der durch eine Probenahmen geprüft wird, ob der Unterbau erhöhte Messwerte in der Fraktion der PAK aufweist und wenn, wie tief das Material ausgekoffert werden muss, um die Sekundärkontamination zu beseitigen,[1] ohne den gesamten Unterbau beseitigen zu müssen.

Durch diese Bestimmung der Kontaminationstiefe kann dann die Menge des Materials mit höheren Belastungen gegenüber einem nicht separierenden Ausbau und damit können zumeist auch die Kosten reduziert werden. Bei unbelasteten Asphalten konnte ebenso eine Ver-

---

[1] Beseitigung im abfallrechtlichen Sinne gem. § 3 Abs. 26 KrWG, also ein Verfahren, das keine Verwertung ist.

wertung als Asphaltgranulat stattfinden, welches mittels eines Prallbrechers oder einer Asphaltfräse zur Befestigung von Flächen hergestellt werden kann. Durch den Ausschluss des Materials aus der EBV ist hier die aktuelle Lage unklar.

### 3.2.4 Gleisschotter

Unter Gleisschotter versteht man das natürliche Schottermaterial der Körnung 63/31,5, welches im Ursprungszustand nur minimale Anteile von Material < 31,5 mm hat und welches für die Bettung von Bahngleisen dient. In die Verwertung kommt hier v. a. Altschotter, welcher beim Rückbau oder bei der Instandsetzung von Gleisstrecken anfällt. Das Material ist seit Langem streng durch die Bahn normiert. Die aktuelle Norm für neuen Schotter stellt der DB-Standard DBS 918 061 dar. Maßgebliche Kriterien sind hierbei die Korngröße, Kornform, Sieblinie im Schotter sowie eine hohe Beständigkeit gegen Abrieb und Zertrümmerung. Daher kommt in der Gleisschotterproduktion nur hochwertiges Hartgestein zum Einsatz, und es handelt sich bei unbelastetem Gleisschotter um ein hervorragendes Material, um einen hochwertigen Recyclingbaustoff zu produzieren.

*DB-Standard*
*DBS 918 061*

*Abb. 3.2.4-1: Ungesiebter Altgleisschotter; deutlich sichtbar sind die Partien mit hohem Anteil von Körnungen < 31,5 mm. (Quelle: Kamrath)*

Aufgrund des grundsätzlich anderen Schadstoffspektrums als normale Böden und Steine wird dieser auch nicht unter der AVV-Nr. 17 05 04 „Böden und Steine" bzw. deren abfallrechtlich gefährlichem Spiegeleintrag AVV-Nr. 17 05 03* „Böden und Steine, die gefährliche Stoffe enthalten", sondern unter der AVV-Nr. 17 05 08 „Gleisschotter mit Ausnahme desjenigen, der unter 17 05 07* fällt" und bei vorliegenden abfallrechtlichen Gefährlichkeitsmerkmalen unter der 17 05 07* als „Gleisschotter, der gefährliche Stoffe enthält" in der Abfallverzeichnisverordnung geführt.

Ebenfalls ist die Klassifizierung gemäß der EBV nicht die von Boden und Steine (BM-0 bis BM-F 3 gemäß Anhang 1 Tab. 3), sondern nach Anhang 1 Tab. 2, wobei hier der pH-Wert, MKW, elektrische Leitfähigkeit PAK (15) und Herbizide untersucht werden. Wichtig hierbei ist die Tatsache, dass bei ausgebautem Gleisschotter nur die Fraktion < 31,5 mm untersucht wird, während die Fraktion 63/31,5 mm als unbelastet angenommen wird.

Dieses Feinkorn stammt zumeist aus dem Unterbau des Gleisschotters sowie aus diversen fremden (Einweihung/-schlämmung von Boden, Dreck, aber auch Bremssand, Abrieb und Stäube von den Fahrzeugen) bzw. schottereigenen Bestandteilen (Gesteinsabrieb) und enthält Schadstoffe. Gleisschotter ist also das Extrembeispiel der Schadstoffanreicherung im Feinkorn von gemischtkörnigen Haufwerken. Die Fraktion > 31,5 mm wird i. d. R. zur Entfernung von Anhaftungen gewaschen und kann danach gemeinsam mit Bauschutt gebrochen werden. Hierbei empfiehlt sich ein Prallbrecher, damit das Material nicht ungebrochen durch den Brecher läuft, wie es bei einem Backenbrecher[1] der Fall wäre.

---

[1] Der Vollständigkeit halber sei gesagt, dass das Material auch mit einem Kegelbrecher gebrochen werden kann, sofern das Material frei von Metallen ist.

# 3.2

Erd- und Tiefbau

## 3.3 Aufbereitungstechnik

**Brecher und Siebanlagen, Vor- und Nachteile der gängigen Systeme**

Das Kernelement zur Aufbereitung mineralischer Abfälle ist die Anlagentechnik, welche sich nach dem Material und dem Produktionsziel richtet. Während bei Boden v. a. die Abtrennung von unerwünschten Grobfraktionen steht, ist bei der Schuttaufbereitung ein hoher Feinanteil unerwünscht. Bei der Siebung von Recyclingbaustoffen kommt es erfahrungsgemäß zur Aufkonzentration von Schadstoffen in der Feinfraktion, wenn die Gesamtfraktion untersucht wird. Im Rahmen der Umstellung auf die EBV trifft dies bei Böden jedoch nicht mehr ganz zu, da bei reinen Böden analog zur Bundesbodenschutzverordnung oder auch bei Gleisschottern nur die Feinbodenfraktionen untersucht werden und die Fraktion > 2 mm nicht untersucht wird.[1]

Die Untersuchung der Gesamtfraktion im Boden spielt nur noch bei alten Regelwerken und Schuttmaterialien inkl. Boden-Bauschuttgemischen eine Rolle, da bei Böden bis 10 % bodenfremde mineralische Fremdbestandteile nur noch die Fraktion < 2 mm untersucht wird und so Grobbestandteile wie Kiese nicht mehr berücksichtigt werden, da bei der Analytik das Volumen der „sau-

---

[1] Dies betrifft nur die reinen Böden bis 10 M.-% mineralische Fremdbestandteile, welche für die Klassen BM-0 bis BM-0* verwendet werden. Ab einem Mindest-Fremdstoffgehalt darüber ist die Gesamtfraktion zu untersuchen, die Festlegung dieses Gehalts trifft der Probenehmer aus seiner Erfahrung bzw. mit Hilfsmitteln wie Vergleichskarten etc.

beren" Anteile der Grobfraktionen überhaupt nicht in die Ergebnisse der Analyse einfließt.

Im folgenden Kapitel werden die gängigen Bauweisen von Brechern und Siebanlagen vorgestellt, welche in der Herstellung von Recyclingbaustoffen eine Rolle spielen. Dies bedeutet bspw., dass Exoten wie Doppelwellenbrecher, Hammerbrecher oder auch die in der Herstellung von Natursteinkörnungen weit verbreiteten Kegelbrecher, welche sich bei Eisen auf dem Zuführband direkt abschalten, nicht berücksichtigt werden.

### 3.3.1 Brechanlagen

Brechanlagen kamen im Zuge des erhöhten Materialbedarfs für Bau- und Rohstoffe der Industrialisierung auf. In der Baustoffindustrie dominierten bis in die 1990er-Jahre v. a. stationäre Anlagen, welche heute aufgrund der höheren Flexibilität im Einsatz fast komplett durch mobile Anlagen ersetzt wurden.

*Typische mobile Anlagen*  Die typischen mobilen Anlagen, heutzutage fast ausschließlich raupenmobile Brecheranlagen, bestehen aus dem Materialaufgabebunker, der Vorsiebanlage, bestehend aus einer Vibrorinne, deren Boden mit verschiedenen Siebbelägen ausgestattet werden kann (zumeist Lochbleche oder Spalt- und Gitterroste aus hochkant gestellten Flacheisen mit einer Maschenweite von 32 bis 50 mm), sowie einem darunter gelegenen Sieb zur Teilung der Gesamtfraktion in drei Fraktionen.

Die Feinfraktion wird über das Seitenaustragsband aus dem Brechprozess und -produkt entfernt, die zweite Mittelfraktion wird über einen Brecherbypass auf das

Hauptaustragsband befördert, während die Grobfraktion direkt in den Brecher läuft. Der zweite Siebboden kann mit einem Blindbelag versehen werden, sodass 100 % des vom Vorsieb entfernten Materials ohne weitere Zerkleinerung auf dem Austragsband landen. Dieses Verfahren wird gerne für Füll- und Frostschutz RCL verwendet, um die Produktionsmenge zu erhöhen, ohne dem Brecher selbst einen hohen Feinkornanteil zuzumuten, was besonders bei Prallmühlen im Hinblick auf den Verschleiß der Brechkammerauskleidung und der Schlagleisten wichtig ist.

Der Grund hierfür ist die Tatsache, dass diese Vorsiebe nicht dafür ausgelegt sind, hohe Feinkornanteile abzuscheiden. Ihre Flächen liegen z. B. bei einer Kleemann MR110 bei knapp 2,0 m$^2$, wobei hier oft Lochbleche zum Einsatz kommen, welche ein hohes Verhältnis von Öffnung zu Grundfläche haben, also ein Verhältnis von viel Belagmaterial und wenig Öffnungsfläche.

Dies bedingt bei hohen Feinkornanteilen zumeist ein Herunterregeln der Aufgaberinne und damit auch der gesamten Brechleistung, um das Brechgut auch signifikant in seinem Feinkornanteil zu reduzieren und damit das Material nicht einfach aufgrund seiner Schüttstärke über das Lochblech fließt. Es ist also ein Siebbelag mit möglichst großer Lochfläche in der Vibrorinne und kein zu feiner (0/10), aber nicht zu grober Siebschnitt wie 0/32 oder 0/45 im zweiten Boden des Vorsiebs zu empfehlen. Die optimale Einstellung muss hier individuell abhängig von Material und Produktionszielen gefunden werden.

*Herunterregeln der gesamten Brechleistung*

Die Reduktion der Förderungsmenge durch einen zu feinen Siebschnitt reduziert hier ebenfalls die gesamte Produktionsleistung des Brechers. Im nächsten Schritt folgt der Brecher selbst; mehr dazu in den folgenden Abschnitten.

Im Nachgang erfolgen hinter dem Brecher noch verschiedene Schritte, die ausrüstungsspezifisch sind. Nachdem das gebrochene Material auf das Hauptaustragsband gefallen ist, wird das Material im Recycling durch einen Elektromagneten von seinen FE-Metallanteilen befreit. Bei Prallbrechern und teilweise auch bei anderen Brechanlagen ist an das Brecheraustragsband, auch Brecherabzugsband genannt, eine Nachsiebeeinheit angebaut. Diese wird mit Siebbelägen in der Zielgröße belegt. Das können z. B. 35 mm bei 0/32 oder 50 mm bei 0/45 sein, da eine produzierte Körnung immer auch eine kleine Überkornfraktion enthalten muss.

*Nachsiebeeinheit*

Auch hier muss wie beim Vorsieb darauf geachtet werden, abhängig vom gewünschten Produkt keinen zu feinen Siebboden einzulegen, da dies zu einer erhöhten Kornrückführung führt (zu viel Material fährt im Kreis), was wieder den Output reduziert. Bei Prallmühlen ist dies prinzipbedingt notwendig, dazu jedoch mehr im entsprechenden Abschnitt. Bei anderen Brechern ist dies optional, da diese in der Korngröße durch den Brechspalt (= Abstand der Brechbacken) besser zu kontrollieren sind.

Am Überkornausgang des Nachsiebs befindet sich bei verbautem Windsichter in aller Regel eben genau dieser, er wird knapp unter dem Abstreifer des Austragsbands der Nachsiebeeinheit verbaut, bevor das Überkorn durch das Rückführband wieder an die Brecher übergeben wird. Je nach Einstellung können hier feine bis grobe Leichtstoffe bereits gut abgeschieden werden (vgl. Abbildung). Die siebgängige Fraktion wird nach

3.3 Aufbereitungstechnik

der Nachsiebung aus dem Brechersystem ausgeführt, meist folgt hierauf, beim fertigen Produkt, ein Haufwerk (teure Lösung, da die Bänder z. B. mit einem Radlader leergefahren werden müssen) oder ein Haldenband, welches das Material mit geringem Treibstoffverbrauch und ohne Bediener zu einem großen Haufwerk, abhängig von der Schütthöhe des Bands, aufsetzt. Alternativ steht hier bei der Splittproduktion ein Klassiersieb, welches das Material nochmals in mehrere Fraktionen aufteilt.

Abb. 3.3.1-1: Aufgabebunker und Vorsiebeeinheit bei einem Prallbrecher (Backenbrecher hier nahezu baugleich), Aufgabe Bunker (1), Oberdeck Vorsieb (2), Schütttrichter für Überkorn (nur mit Nachsiebeeinheit 3) und Überkorn Rückführband (4) und Brechereinlauf (5) (Quelle: Kamrath)

### 3.3.1.1 Backenbrecher

Backenbrecher sind die verbreitetsten Brecher im Bauschuttrecycling. Dies liegt an ihrer einfachen Bauart und dem, verglichen mit Prallmühlen, geringeren spezifischen Gewicht und der damit einhergehenden leichten Transportierbarkeit sowie dem geringen Bedarf an Verschleißteilen. Diese Eigenschaften stellen den großen Vorteil der Anlagen dar, welche in allen erdenk-

*Für Straßenbau schlechte Kornform*

lichen Größen hergestellt werden. Dementgegen steht v. a. die für die Verwendung im Straßenbau schlechte Kornform, welche eher eine längliche, scherbenartige Form hat, die schlechtere bodenmechanische Eigenschaften bedingt. Dies erschwert es, mit einem Backenbrecher ein qualifiziertes Endprodukt herzustellen.

Der Brecher funktioniert durch Zerdrücken des aufgegebenen Materials. Hierbei fällt das Material, nachdem es das Vorsieb passiert hat, vom Aufgabebunker in den im Querschnitt dreieckigen Spalt zwischen den Brechbacken. Hier steht (zumeist) die eingangsseitige Backe fest, während die in Richtung Austragsband gelegene Backe, durch eine Kurbelwelle angetrieben, in Bewegung ist. Die Kraft zur Zerkleinerung wirkt hier durch langsamen Druck, der das Korn entlang seiner Schwächezonen und Risse zerdrückt.

Die Korngröße des Produkts wird durch den Brechspalt am Ausgang des Brechers reguliert, er benötigt nicht unbedingt wie ein Prallbrecher eine Nachsiebeinheit, um ohne Siebanlage eine definierte Korngrößenverteilung (z. B. 0/45 mm) zu produzieren. Limitierend wirkt hierbei ebenfalls die Brechspalteinstellung, je feiner das Material werden soll, desto enger steht der Brechspalt und umso mehr Brecharbeit muss aufgewendet werden, um die gewünschte Körnung zu erhalten. Die Leistungsregelung erfolgt grundsätzlich über die Oszillationsfrequenz der beweglichen Brechbacke. Je schneller sie läuft, desto mehr Material wird gebrochen. Jedoch ist auch hier entscheidend, welche Korngröße gebrochen werden soll, je feiner, desto geringer ist der Output pro Stunde. Sollten nicht brechbare Fremdstoffe (z. B. Aufzugsgewichte) in den Brecher gelangen, führt der Druck auf die Hydraulikzylinder der Brechspaltverstellung dazu, dass die Druckplatte ausgelöst wird. Der

Druck am Verstellzylinder wird nicht mehr gehalten und wird in kürzester Zeit durch die bewegliche Brechbacke auf die maximale Öffnungsweite gedrückt. Zur Wiederinbetriebnahme muss die Druckplatte getauscht werden, da sich hier eine vorgestanzte Öffnung bei einem definierten Druck als Sollbruchstelle öffnet und so den Druck in eine Auffangwanne ablässt. Zur Wiederinbetriebnahme muss der Fremdkörper entfernt, das Hydrauliköl aufgefüllt und die Druckplatte ersetzt werden.

Der Backenbrecher brilliert aufgrund seiner technischen Eigenschaften klar im Grobkorn, je größer das Größtkorn, desto mehr Durchsatz wird diese Maschine erreichen.

*Backenbrecher brilliert im Grobkorn*

Aufgrund dieser Eigenschaft und da er verhältnismäßig wenig Sand produziert, wird der Backenbrecher oft als Primärbrecher zur Vorzerkleinerung eingesetzt, während andere Brecher, z. B. Prallbrecher oder Kegelbrecher (in Naturstein), das vorgebrochene Material auf Endkorngröße brechen und die Form positiv beeinflussen.

Abb. 3.3.1.1-1: Backenbrecher Typ Kleemann MC110Z; typische Konfiguration: Aufgabebunker (1), Zwei-Deck-Vorsiebeeinheiten (2, das untere Deck hier mit Blindbelag), Backenbrecher (3), Motorraum (4), Magnetband (5), Brecherabzugsband ohne Nachsiebeeinheit (6) (Quelle: Kamrath)

### 3.3.1.2 Prallbrecher

Prallbrecher stellen die zweite weit verbreitete Bauart von Brechanlagen dar. Sie sind technisch komplizierter, wartungsintensiver, leistungsfähiger und erzeugen ein blockigeres, kubisches Korn mit besseren Eigenschaften in bodenmechanischer Hinsicht als auch für die Splittproduktion, wenn es um die Förderungsfähigkeit z. B. in Betonpumpen, geht. Grundsätzlich gibt es die hier besprochenen Horizontalrotorprallbrecher, welche sich durch ihr hohes Zerkleinerungsverhältnis auszeichnen, und Vertikalrotorprallbrecher, deren Verkleinerungsverhältnis eher gering ist, jedoch v. a. für das „Zuschlagen", sprich die Optimierung der Kornform des Brechguts, eingesetzt werden. Diese werden hier nicht besprochen.

Prallbrecher basieren auf der Einwirkung von kinetischer Energie auf das Brechgut, indem dieses beschleunigt und auf eine Prallfläche geworfen wird, ähnlich einem Schneeball, welcher auf eine Wand geworfen wird und dabei zerplatzt. Zusätzlich wirkt hier nochmals die kinetische Energie der Schlagleiste beim Beschleunigen auf das Korn ein. Die Leistungsregelung erfolgt über die Drehzahl des Rotors, je höher diese ist, desto mehr Material wird gebrochen.

Jedoch steigt aufgrund des Arbeitsprinzips auch der generelle Sandgehalt des gebrochenen Materials. Die Rotordrehzahl ist ebenfalls eine maßgebliche Kenngröße in Bezug auf die Härte des Materials. Während man hartes Material wie z. B. Gleisschotter mit hohen Drehzahlen und moderaten Sandgehalten brechen kann, steigt der Sandgehalt bei weicherem Material maßgeblich an, da die kinetische Energie im Brechprozess stark steigt.

Die zweite Größe, welche die Korngrößenverteilung beeinflusst, ist der Brechspalt. Auch dieser kann und muss an die entsprechende Materialbeschaffenheit des Brechguts und der Zielgröße angepasst werden. Je weiter der Brechspalt zwischen Schlagleiste und Prallbalken als Unterkante der Prallschwinge geöffnet wird, desto weniger häufig wird das Brechgut dem Schlag und dem Aufprall auf der Prallschwinge ausgesetzt, es bleibt bei einem gröberen Brechgut und, je nach Belegung der Nachsiebeeinheit, bei einer höheren Rückführung des Brechguts aus der Nachsiebeeinheit.

Der Brecher selbst besteht aus einem Rotor mit üblicherweise zwei bis vier Schlagleisten, bei größeren Einheiten können es auch mehr sein. Der Rotor wirft das Material auf die Prallschwinge bzw. die Prallschwingen, welche im Abstand zu den Schlagleisten einstellbar sind. Aufgrund der höheren mechanischen Belastungen sind die Unterkanten der Prallschwingen, die Prallbalken, als auswechselbare Prallbalken ausgeführt. Der Abstand zwischen der Schlagleiste und dem Prallbalken definiert hier ähnlich wie der Brechspalt das Verkleinerungsverhältnis. Da sich das Brechkorn jedoch auch vor der Schlagleiste befinden kann und so größere Körner des Brechguts den Bereich der Prallschwingen Richtung Brecheraustragsband verlassen können, ist der Prallbrecher auf die bereits im allgemeinen Teil beschriebene Nachsiebeeinheit angewiesen, um eine definierte Körnung zu produzieren und das nicht ausreichend gebrochene Überkorn in den Brecher zurückzubefördern.

*Abb. 3.3.1.2-1: Typischer Prallbrecher (Typ Kleemann MR110 EVO2); Aufbau: Aufgabebunker (1), Zwei-Deck-Vorsiebeeinheiten (2, das untere Deck hier mit Blindbelag), Überkornrückführband mit Einlauftrichter (3), Prallbrecher mit 110 cm Breite und vier Schlagleisten und zwei Prallschwingen (4), Motorabteil (5), Magnetband (6), Brecherhauptabzugsband (7), Nachsiebeeinheit (8, ein Siebdeck, bei anderen Herstellern bis zu zwei), Haldenband unter der Nachsiebeeinheit, zum Transport klappbar (9), Windsichter unter dem Überkornaustragsband des Nachsiebs (10) und Seitenaustragsband für die Vorsiebeeinheit (11). Das Material ist eigentlich für einen Prallbrecher ungeeignet, da zu fein. Ideales Material siehe Abb. 4 (Quelle: Kamrath)*

Aufgrund des kinetischen Funktionsprinzips sind die Seitenwände sowie Bereiche rund um, über und hinter dem Rotor durch einzelne kachelartige Panzerplatten verkleidet. Diese sind notwendig, da durch die Rotation des Brechers ein Luftwirbel entsteht, welcher Sand und Grus wie ein Sandstrahlgebläse auf die Wände des Brechers wirft. Aus dieser Eigenschaft ergibt sich hier auch die Notwendigkeit, einem Prallbrecher nur möglichst sandarmes Material zuzuführen. Beim Bruch von feinkörnigem Schutt verstärkt sich der Sandstrahleffekt massiv und führt zu einer deutlich beschleunigten Abnutzung aller Komponenten im Brechergehäuse. Umgekehrt ist bei einem Prallbrecher die Aufgabe von übergroßem Material deutlich hörbar. Das übergroße Material resultiert in massiven, sehr lauten Schlägen und Erschütterungen, bis das Stück weit genug zerkleinert ist, um den Brechspalt zu passieren.

*Prallbrecher nur möglichst sandarmes Material zuführen*

### 3.3.2 Siebanlagen

Die Aufbereitung von Böden sowie die Fraktionierung von Gesteins- und Recyclingbaustoffkörnungen finden i. d. R. per Siebanlage statt: Am verbreitetsten sind hier mobile Rüttelsiebmaschinen, welche in Grobstück- und Klassiersiebe unterteilt werden können. Siebmaschinen allgemein dienen dazu, aus einem Gemisch Partikel verschiedener Korngrößen in eine oder mehrere Korngrößenfraktionen abzutrennen. Bei gebräuchlichen Siebmaschinen geschieht dies in zwei bis drei Fraktionen, welche seriell hintereinandergeschaltet sind. Hierbei erfolgt die Siebung von der gröbsten Fraktion zur feinsten. Am verbreitetsten sind hierbei drei Funktionsweisen, welche jeweils eigene Stärken und Schwächen haben.

### 3.3.2.1 Rüttelsiebe

Rüttelsiebmaschinen sind die verbreitetsten Siebanlagen und kommen auf nahezu jeder Bodenaufbereitungsanlage und in nahezu jedem mobilen Brecher zum Einsatz. Hierbei wird ein Siebkasten mit einem oder mehreren Siebbelägen durch einen Unwuchterzeuger, zumeist ein Elektro- oder Hydraulikmotor, in Vibration versetzt. Hierbei wird kinetische Energie vom Siebbelag auf das Siebgut abgegeben, wodurch das Siebgut vereinzelt bzw. Klumpen zerschlagen werden. Zur Verstärkung können hierzu auch noch sog. Klopfschnüre eingesetzt werden, welche aus einem Seil oder Gummistrang bestehen, an dem wie auf einer Perlenkette Klopfkörper angebracht sind. Dies sind z. B. Kunststoffkörper in Zylinderform, welche zusätzlich auf den Siebboden und das Siebgut einwirken und so die Vibration und den Siebdurchsatz bspw. bei hohen Sichtstärken des Siebguts, wie sie in der Sandfraktion oft vorkommen, verstärken.

Der Trennschnitt kann durch wechselbare Siebböden beeinflusst werden, hierbei gibt es eine Vielzahl von verschiedenen Bauformen. Die üblichste sind Drahtgittermatten, jedoch gibt es auch für Grobstücksieblagen Fingersiebe, welche aus Leisten mit parallel zur Förderrichtung angeordneten Stahlstangen (Variante von Siebrosten für ganz grobes Material) bestehen, oder solche, die aus Gitterrosten, Lochblechen (v. a. im Oberdeck des Vorsiebs von Brechern) über Harfensiebe, welche im Feinkornbereich aus dünnen Stahldrahtlitzen mit mehreren Abstandhaltern aus Kunststoffleisten oder einer elastischen Querbindung bestehen.

Die kinetische Energie wird durch die Amplitude und die Frequenz der Vibration definiert, je höher diese sind, desto aggressiver ist der Siebvorgang, z. B. bei nassem, klumpigem oder bindigem Siebgut. Ebenso bestimmt die Vibration zusammen mit der Neigung die Geschwindigkeit, mit der das Material sich über den Siebboden bewegt. Die Technik hierzu stammt v. a. allem aus dem Bereich der Natursteingewinnung, genauer der Produktion von definierten Körnungen.

Im Wesentlichen gibt es zwei verschiedene Bauweisen, welche für unterschiedliche Funktionen eingesetzt werden. Zum einen ist dies das Grobstücksieb, welches zur Abscheidung von Feinfraktionen vor dem Brecher dient. Grobstücksiebe fungieren in einem Brechzug v. a. als Vorsiebe zur Abscheidung von für die Brecher unerwünschten Feinfraktionen, da diese zur Produktionsoptimierung nur mit der optimalen Korngröße des Aufgabematerials betrieben werden sollen. Sie sind so konstruiert, dass sie Material von bis zu 80 cm Kantenlänge bearbeiten können. Grobstücksiebanlagen trennen das aufgegebene Material normalerweise in zwei bis drei Fraktionen, wobei diese z. B. Trennschnitte von 0/16, 16/45 und 45/X mm aufweisen können. Zusätzlich ist es auch möglich, auf den Aufgabebunker noch einen schrägen Gitterrost aufzubauen, welcher Stücke, die für die Siebanlage zu groß sind, neben den Brecher fallen lässt.

*Zwei verschiedene Bauweisen*

Die Korngrößen werden durch austauschbare Siebbeläge erreicht, welche auf die Produktionsziele und das Ausgangsmaterial abgestimmt werden können. Grundsätzlich sind Grobstücksiebanlagen jedoch dadurch charakterisiert, dass das Überkorn des obersten Siebs über das Hauptaustragsband ausgetragen wird. Die Siebkästen sind i. d. R. kurz und breit ausgelegt; sie sind für gewöhnlich auch eher schwach geneigt, sodass das Material sich von der Oszillation getragen langsam über den Siebboden bewegt, was zu einer intensiven Abscheidung führt.

*Klassiersiebe* Im Gegensatz dazu arbeiten Klassiersiebe genau andersherum. Sie stehen am Ende des Brechzugs. Auch sie gibt es mit zumeist zwei bis drei Siebdecks (= drei bis vier Siebfraktionen), welche von grob nach fein abtrennen. Jedoch wird hier über das Hauptaustragsband der Feinanteil ausgetragen. Konstruktiv sind sie auf feineres Siebgut ausgelegt, dies heißt i. d. R. auf eine maximale Kantenlänge von ca. 15 cm. Da sie eher auf die Trennung der verschiedenen feinkörnigen Produkte aus dem gemeinsamen Austrag des Brechzugs ausgelegt sind, weisen sie i. d. R. größere Siebflächen als Grobstücksiebe auf. Sie können, wenn es die Produktion erfordert, auch hintereinandergestellt und die Steuerungen der Anlagen gekoppelt werden, um z. B. eine höhere Trennschärfe bei den einzelnen Körnungen zu erreichen, wie z. B. mit 2+2+ 3,2+3,3+2 oder 3+3-Fraktionen, abhängig von den gewünschten Produkten. Die Siebböden sind bei ihnen eher lang und deutlich steiler geneigt, sodass das Material hier sich schneller über den Siebboden bewegt.

Die Rüttelsiebung funktioniert so lange gut, wie das Material, welches gesiebt werden soll, nur wenig bindige Bestandteile und einen möglichst niedrigen Feuchtigkeitsgehalt hat. Das Material für diese Siebe sollte körnig sein, so führt z. B. faseriges Siebgut wie Holz oder Kompost oder auch Folienreste zu einer schnellen Verstopfung der Siebböden, was auch insbesondere auf die Nachsiebeeinheit von Brechern zutrifft, da der Windsichter in der Prozesskette erst nach diesen am Überkorn zum Einsatz kommt.

Bindiges Material kann in gewissen Grenzen, d. h. auf Rüttelsieben mit geringer Neigung und hoher Amplitude, gesiebt werden, um die Kohäsion des Materials zu verringern. Hohe Frequenzen können bei sehr nassem, bindigem Material zu einer Verschlämmung des Siebguts führen. Hier bedarf es i. d. R. aggressiverer Verfahren. Um die Probleme mit nassem Material zu vermeiden, sollte Bodenaushub am besten in einer Halle oder zumindest unter einem Dach gelagert und auch dort gesiebt werden.

### 3.3.2.2 Trommelsiebe

Für rolliges oder faseriges Material ohne große bindige Anteile wie Schotter, Kies oder Grasnarbe sowie als Nachsieb für gebrochenen Bauschutt eignet sich auch Trommelsiebe sehr gut.

Diese bestehen aus einem Aufgabenbunker, von welchem das Material in eine Trommel geführt wird. Diese Trommel ist in einem Raster mit einer nominellen Maschenreihe, z. B. 50 mm, gelocht und kann mit zusätzlichen Netzmatten in eine feinere Maschenweite überführt werden. Die Trommel ist innen mit einer Förderschnecke an der Trommelwand ausgestattet und fördert so das Siebgut durch Drehung der Trommel. Prinzipbedingt bilden sich hier bei bindigem Siebgut Lehmkugeln, welche unter Umständen im Siebgut unerwünscht sein können. Durch das permanente Umschichten des Siebguts eignen sie sich jedoch auch gut z. B. für Holz oder Kompost. Schweres, großstückiges Siebgut wie bei einer Grobstücksiebanlage ist jedoch, wegen der Beschädigungsgefahr durch das ständige Umwälzen, zu vermeiden. Ebenso können Trommelsiebanlagen gut zur Wäsche von Material eingesetzt werden, da diese in mobilen Anlagen meist in einem wannenförmigen Aufbau laufen.

#### 3.3.2.3 Sternsiebe

Eine dritte Funktionsweise von Siebanlagen für Böden ist die Sternsiebanlage. Diese funktioniert ähnlich wie „Schredder light" d. h., auf mehreren, parallel liegenden, in die gleiche Richtung drehenden Wellen sind zahnrad- oder sternförmige Räder jeweils so angebracht, dass ein über drei Wellen gesehenes Muster, Stern–Welle–Stern, mit einem definierten Spalt entsteht. Der Abstand der Zacken der Sterne definiert hierbei den Trennschnitt. Partikel, die größer als der Spalt zwischen den Zacken oder Zähnen sind, werden Richtung Ausgang befördert. Was in die Spalten passt, wird durch die Rotation nach unten befördert. Durch ihr Funktionsprinzip gestaltet sich der Einsatz der Sternsiebe ähnlich wie bei Grobstücksieben, da auch hier üblicherweise das Hauptaustragsband das Grobkorn austrägt.

Durch die Rotation der Sterne wird sehr gezielt auf das Material eingewirkt, sodass auch bindiges Siebgut bearbeitet werden kann, hier werden z. B. Bodenklumpen zerrissen. Empfindlich sind Sternsiebe v. a. bei wickelfähigem Siebgut wie Folienresten, welche sich um die Wellen wickeln können. Ein durch Wickler verschmutztes Sieb ist ähnlich aufwendig zu reinigen wie ein verstopftes Rüttelsieb. Ein weiterer Vorteil der Anlagen ist die Möglichkeit, durch eine Dosieranlage Stoffe wie Kalk in das Siebgut einzubringen, da die Feinfraktionen hier gut durchmischt und homogenisiert werden. Ebenso können durch die geringe Vibration und das geringe Spritzen des Siebguts und die damit verbundenen niedrigen Deckseitenwände oberhalb des Siebdecks z. B. Magnetbänder oder Wirbelstromabscheider angebracht werden.

## Fazit

Die Aufbereitung von Recyclingbaustoffprodukten und die Verarbeitung zu qualitativ hochwertigen, qualifizierten RCL-Produkten (in der Ersatzbaustoffverordnung als „Mineralische Ersatzbaustoffe" tituliert) hängen ganz wesentlich von der Güte der Aufbereitung des Ursprungsmaterials ab. Dies können Boden-Bauschutt-Gemische, Gleisschotter, Beton, Mauerwerksschutt oder verschiedenste Gemische aus diesen Stoffen sein.

Eine unzureichende Entkernung und Sanierung und der damit verbundene erhöhte Gehalt an Fremd- und Störstoffen sowie Schadstoffen, welche höhere abfallrechtliche Einstufungen bedingen, bilden hier im Wesentlichen das größte Hindernis für eine optimale Verwertung. Durch die Neueinführung der EBV wurde dieses Thema weiter verschärft, da, neben dem deutlich höheren Bearbeitungsaufwand in der Analytik und damit der Bearbeitungsdauer, gerade die Grenzwerte für PCB und PAK im Eluat sehr knapp sind und viele ansonsten einwandfreie Chargen beseitigt werden müssen.

*Neueinführung der EBV*

Die EBV insgesamt stellt die größte Veränderung in der Verwertung von mineralischen Abfällen seit der Einführung der LAGA M20 im Jahr 1997 dar, auch wenn viele Anforderungen mehr oder weniger vorher schon, verteilt auf verschiedene bundes- und länderspezifische Regelwerke, gefordert, jedoch nicht gelebt wurden.

Leider sind die Unklarheiten und Umsetzungsprobleme innerhalb dieser lange entwickelten Verordnung ebenfalls sehr groß und viele Punkte unklar. Insgesamt wird die Verwertung zugunsten der Beseitigung erschwert und erreicht so nicht ihr Hauptziel, nämlich die Steigerung der MEB-Verwendung und eine bundeseinheitliche Regelung, sondern erschwert diese im Gegenteil in allen Belangen. Beispielsweise wird das sehr sinnvolle Aufbereiten auf der Baustelle durch die geforderte Säuleneluatanalytik nicht erleichtert, sondern im Gegenteil, es wird durch lange Bearbeitungszeiten (sechs bis acht Wochen) legal effektiv unmöglich gemacht. Gleichzeitig wird durch die Anwendung der LAGA PN98 im vollen Umfang die Deklaration von mineralischen Abfällen durch Haufwerksbildung und erhöhten Analyseumfang teurer und aufwendiger, während der Bedarf an Zwischenlagerungsflächen stetig steigt, welche in dieser Form nur in wenigen Ballungszentren wie z. B. München zur Verfügung stehen.

Langfristig wird der Zwang zur Güteüberwachung zwar die Qualität der RC-Produkte grundsätzlich steigern, jedoch ist hier damit zu rechnen, dass viele Produzenten nur das ZTV-BuB-E-Material herstellen werden, um den strengen Auflagen zu entgehen, und viele kleinere Produzenten aufgrund des Aufwands die Produktion einstellen, was zu einer Konzentration des Angebots führen wird.

Einen Ausweg aus der EBV stellt die Produktion von RCL-Splitten für die Betonindustrie dar, jedoch kommen hier erschwerend die geringe Marktakzeptanz und -bekanntheit von allen Typen (außer Typ I) sowie die unzureichende Ausrüstung vieler Betonwerke im Bereich der Materialaufbereitung (zu wenige Lagersilos) hinzu. Hier sind die DIN-Normen weiter als der Markt.

Allen Entsorgungswegen jedoch gemeinsam ist die Tatsache, dass durch die Neufassung der LAGA M23 gemeinsam mit der Neufassung der GefStoffV weiterhin die Asbestproblematik im Beton durch Abstandshalter und Mauerstärken verschärft wird.

Weiter wurden die gängigsten Aufbereitungsverfahren vorgestellt, die beiden wichtigsten Brechertypen sowie verschiedene Siebmaschinentypen mit ihren Vor- und Nachteilen. In der Tendenz wird sich die Aufbereitung von mineralischen Abfällen in den nächsten Jahren noch stark wandeln. Nach dem Aufstieg der mobilen Anlagen wird es wahrscheinlich wieder zu einer Renaissance der stationären Anlagen kommen, wobei jedoch die Aufbereitung insgesamt aufwendiger wird. Hier sind z. B. bereits erste Anlagen mit automatisierter Aussortierung von Fremd- und Störstoffen sowie eine gründlichere Reinigung der fertigen Produkte durch neue Kombinationen von Verfahren im Aufbau. Dies wird durch Personalmangel, die verstärkte Zwischenlagernutzung und den Zwang zur Güteüberwachung noch deutlich verstärkt.

# 3.3
Aufbereitungstechnik

# 4

# 4 Qualitätssicherung und Zertifizierung von Sekundärbaustoffen

**Autoren**
Daniel Rutte (4–4.5)

**Inhaltsverzeichnis**

| | | |
|---|---|---|
| **4.1** | **Eignungsnachweis (EgN)** | |
| 4.1.1 | Erstprüfung | |
| 4.1.2 | Betriebsbeurteilung | |
| 4.1.3 | Bewertung | |
| 4.1.4 | Dokumentation und Aktualisierung | |
| **4.2** | **Fremdüberwachung (FÜ)** | |
| 4.2.1 | Ablauf | |
| 4.2.2 | Häufigkeit | |
| 4.2.3 | Dokumentation | |
| **4.3** | **Werkseigene Produktionskontrolle (WPK)** | |
| 4.3.1 | Ablauf | |
| 4.3.2 | Häufigkeit | |
| 4.3.3 | Haldenproduktion | |
| 4.3.4 | Dokumentation und Bewertung | |
| **4.4** | **Mängelbehebung** | |
| 4.4.1 | Mängel im Eignungsnachweis | |
| 4.4.2 | Mängel in der Fremdüberwachung | |
| 4.4.3 | Mängel in der werkseigenen Produktionskontrolle | |
| **4.5** | **Zertifizierung und Güteüberwachung** | |

# 4

Qualitätssicherung und Zertifizierung von Sekundärbaustoffen

# 4 Qualitätssicherung und Zertifizierung von Sekundärbaustoffen

Die Gütesicherung von Sekundärbaustoffen soll die gleichbleibende Qualität der aufbereiteten Baustoffe und die Konformität mit den geltenden Gesetzen, Normen und Regelwerken sicherstellen.

Die Definition der Qualität wird dabei durch zwei Bereiche bestimmt: die Umwelttechnik und die Bautechnik. Beide Bereiche sind in der Gütesicherung zu berücksichtigen. Das Kreislaufwirtschaftsgesetz (siehe Kap. 1.5) bestimmt mit Blick auf das Ende der Abfalleigenschaft in § 5 Abs. 1 für einen Stoff, dass

*Umwelttechnik und Bautechnik*

1. er üblicherweise für bestimmte Zwecke verwendet wird,

2. ein Markt für ihn oder eine Nachfrage nach ihm besteht,

3. er alle für seine jeweilige Zweckbestimmung geltenden technischen Anforderungen sowie alle Rechtsvorschriften und anwendbaren Normen für Erzeugnisse erfüllt sowie

4. seine Verwendung insgesamt nicht zu schädlichen Auswirkungen auf Mensch oder Umwelt führt.

Eine ähnliche Anforderung stellt die Ersatzbaustoffverordnung[1] (EBV) (siehe Kap. 1.5) in § 4 Abs. 4: *„Anforderungen an die Überprüfung der bautechnischen Eigenschaften von mineralischen Ersatzbaustoffen nach anderen Vorschriften bleiben unberührt."*

Damit sind in der Qualitätssicherung sowohl umwelttechnische als auch bautechnische Prüfungen durchzuführen und die entsprechenden Anforderungen einzuhalten.

Die Anforderungen an die Gütesicherung von Sekundärbaustoffen werden für die Einsatzbereiche Straßenbau und Erdbau u. a. durch die folgenden Verordnungen und Regelwerke bestimmt:

**Umwelttechnische Anforderungen**

- Ersatzbaustoffverordnung

**Bautechnische Anforderungen**

- TL SoB-StB[2]

- TL BuB E-StB

- TL Gestein StB

---

[1] ErsatzbaustoffV, Verordnung über Anforderungen an den Einbau von mineralischen Ersatzbaustoffen in technische Bauwerke (Ersatzbaustoffverordnung – ErsatzbaustoffV) (Bundesministerium der Justiz, 13.07.2023).

[2] TL SoB-StB 20/23; Technische Lieferbedingungen für Baustoffgemische zur Herstellung von Schichten ohne Bindemittel im Straßenbau (FGSV, Ausgabe 2020/Fassung 2023).

- ZTV E-StB[1]

Alle Bestimmungen betreffen den in Verkehr gehenden Baustoff. Daher sind alle Qualitätskontrollen auch am fertig aufbereiteten Baustoff in der entsprechenden Lieferkörnung durchzuführen, soweit keine Ausnahmen existieren. Ergebnisse aus Voruntersuchungen können zur Planung und Steuerung der Aufbereitung und zur Bestimmung des Einsatzzwecks herangezogen werden, definieren jedoch nicht die Qualität des Sekundärbaustoffs im Sinne der Regelwerke.

Das System der Gütesicherung besteht aus einem **Eignungsnachweis** und einer laufenden **Güteüberwachung**. Die fortlaufende Güteüberwachung gliedert sich in die Eigenüberwachung, also die Selbstkontrolle des Herstellers, und die Fremdüberwachung durch eine externe, unabhängige Stelle.

---

[1] ZTV E-StB 17; Zusätzliche Technische Vertragsbedingungen und Richtlinien für Erdarbeiten im Straßenbau(Beuth Verlag, 2017).

Qualitätssicherung und Zertifizierung von Sekundärbaustoffen

```
                    Gütesicherung DIN 18200
                    ┌──────────┴──────────┐
            Eignungsnachweis EgN      Güteüberwachung
            ┌────────┴────────┐       ┌──────┴───────────┐
       Erstprüfung  Betriebsbeurteilung  Fremdüberwachung  Eigenüberwachung
                                         ┌──────┴──────┐   (werkseigene
                                  Fremdüberwachungs-  Beurteilung der   Produktionskontrolle)
                                  prüfung             Eigenüberwachung
```

*Abb. 4-1: Das System der Gütesicherung (Quelle: Rutte aus DIN 18200[1])*

*Fremdüberwachung*  Die Fremdüberwachung wiederum besteht aus der Fremdüberwachungsprüfung des Materials und der Beurteilung der Eigenüberwachung.

Die Gütesicherung wird von folgenden Hauptakteuren getragen:

- Aufbereiter/Hersteller
- Überwachungsstelle
- Untersuchungsstelle
- Zertifizierungsstelle

Auch dem Abfallerzeuger/-besitzer sowie dem Verwender/Anwender der Sekundärbaustoffe kommen Verantwortungen in den Regelwerken zu.

---

[1] DIN 18200:2021-04; Übereinstimmungsnachweis für Bauprodukte – Werkseigene Produktionskontrolle, Fremdüberwachung und Zertifizierung (Beuth Verlag, 04/2021).

**Hersteller** von Sekundärbaustoffen ist der Aufbereiter/Anlagenbetreiber, der aus mineralischen Abfällen und industriellen Nebenprodukten durch Behandlung Sekundärbaustoffe herstellt. Typische Behandlungsformen sind Zerkleinern, Sortieren, Sieben, Waschen, Mahlen u. Ä.

Die **Überwachungsstelle** ist ein unabhängiger Gutachter, der zur Durchführung von Eignungsprüfungen und Fremdüberwachung akkreditiert ist. Im Straßen- und Erdbau sind von den Regelwerken RAP-Stra 15 Prüfstellen zugelassen, die über eine entsprechende Akkreditierung der Bundesanstalt für Straßenbau verfügen. Akkreditierungen werden auf der Internetseite der Bundesanstalt http://www.bast.de veröffentlicht.

Die EBV erlaubt darüber hinaus als Überwachungsstelle für die Fremdüberwachung nach DIN EN ISO/IEC 17065 akkreditierte Überwachungsstellen.

*DIN EN ISO/IEC 17065*

Vor dem Eignungsnachweis ist nach den TL mit der Überwachungsstelle ein Überwachungsvertrag nach TL G SoB-StB 20 Anlage C oder TL BuB E-StB[1] Anlage 2 abzuschließen, der die regelmäßige Fremdüberwachung regelt.

Eine Untersuchungsstelle ist ein akkreditiertes Labor, das Untersuchung im Auftrag der Überwachungsstelle im Rahmen der Fremdüberwachung (FÜ) oder im Auftrag des Herstellers im Rahmen der werkseigenen Produktionskontrolle durchführt.

---

[1] TL BuB E-StB 20/23; Technische Lieferbedingungen für Bodenmaterialien und Baustoffe für den Erdbau im Straßenbau (FGSV, Ausgabe 2020/Fassung 2023).

# 4 Qualitätssicherung und Zertifizierung von Sekundärbaustoffen

*DIN 18200*  Eine Zertifizierungsstelle ist nach DIN 18200 eine unabhängige dritte Seite, die nach einem von ihr selbst vorgegebenen Zertifizierungsprogramm die Konformität von Bauprodukten mit geltenden Anforderungen bestätigt.

## Vorüberlegungen

Zur Planung der Güteüberwachung von Ersatzbaustoffen sind im Vorfeld einige Fragen zu klären. Art und Umfang der Güteüberwachung wird von verschiedenen Regelwerken definiert. Umwelttechnisch ist seit dem 01.08.2023 hauptsächlich die Ersatzbaustoffverordnung maßgebend. Bautechnisch sind die unterschiedlichen Regelwerke zu beachten. Dabei kommt es darauf an, in welchem Bereich die hergestellten Ersatzbaustoffe eingesetzt werden sollen.

Mögliche Einsatzbereiche sind:

- Straßenbau (Deckschichten mit und ohne Bindemittel) → EBV

- Erdbau (Boden) → EBV

- Hochbau (Zuschlagstoffe für die Betonherstellung) → keine EBV

- Garten- und Landschaftsbau (z. B. Zuschlagstoffe für Substrate, Dachbegrünungen) → teilweise EBV

*Einsatzbereich der Ersatzbaustoffe*  Zur Planung der Gütesicherung ist daher zuerst der geplante Einsatzbereich der Ersatzbaustoffe festzulegen. Unter Umständen wird dieser durch die physikalischen und chemischen Eigenschaften sowie die umwelttechnische Einstufung und damit mögliche Einbauweise begrenzt bzw. bestimmt. Auch die stoffliche Zusammensetzung des Materials kann eine Verwendung von vornherein ausschließen. So sind z. B. Gemische mit einem Anteil von über 10 Masseprozent (M.-%) bitumengebundener Baustoffe (z. B. Asphalt) für den Erdbau nicht zugelassen. Für Schichten ohne Bindemittel im Straßenbau liegt der Grenzwert für 30 M.-%.

Ein weiterer bestimmender Faktor der Gütesicherung ist die Art der Anlage. Grob kann man drei Anlagentypen unterscheiden: die stationäre Anlage, der genehmigte Sammellagerplatz und die mobile Aufbereitung auf der anfallenden Baustelle.

*Art der Anlage*

Eine stationäre Anlage ist ein auf kontinuierliche Produktion ausgerichtete Anlage. Die Aufbereitungsanlage kann dabei fest installiert sein; es kann sich aber auch um eine mobile Brechereinheit handeln, die kontinuierlich betrieben wird. Verantwortlich für die Gütesicherung ist hier der Betreiber der Anlage.

Bei der Aufbereitung auf der Baustelle werden Abbruchabfälle direkt am Entstehungsort aufbereitet. Hier wird eine mobile Aufbereitungsanlage an den Einsatzort gebracht. Verantwortlich für die Qualitätssicherung ist der Betreiber der Anlage, nicht der Betreiber der Baustelle.

Beim Sammellagerplatz werden kontinuierlich Abfälle gesammelt. Die Aufbereitung findet dann in definierten Zeiträumen und Produktionschargen statt. Häufig wird für den Produktionszeitraum eine mobile Anlage auf dem Sammellagerplatz betrieben. In diesem Fall ist nicht der Betreiber der Anlage verantwortlich für die Güteüberwachung, sondern die mobile Anlage wird in die Organisation des Sammellagerplatzes eingebunden, und der Betreiber des Platzes ist verantwortlich.

*Produktionsweise*

Umfang und Durchführung der Gütesicherung werden auch von der Produktionsweise bestimmt. Hierbei unterscheidet man die einmalige Produktion, die chargenweise oder auch Haldenproduktion und die kontinuierliche Produktion.

Die einmalige Produktion kommt hauptsächlich bei kleinen Baustellen vor. Hier wird das Material gesammelt und dann in einer einmaligen Produktionseinheit aufbereitet. In der Regel werden dabei nur eine oder zwei Sorten hergestellt – je nach Ausgangsmaterial.

Die Haldenproduktion findet auf kleineren Sammellagerplätzen und auch stationären Anlagen statt. Hierbei wird ebenfalls Material über einen Zeitraum gesammelt und dann in einer gebündelten Produktionseinheit aufbereitet. In der Regel geschieht die ein- bis dreimal pro Jahr.

## 4.1 Eignungsnachweis (EgN)

Sowohl bau- als auch umwelttechnisch ist mit Beginn der Aufbereitungstätigkeit ein Eignungsnachweis zu erbringen. Dieser besteht aus einer Betriebsbeurteilung und einer Erstprüfung der hergestellten Sekundärbaustoffe. Beide Teile sind von derselben Überwachungsstelle zu erbringen.

### 4.1.1 Erstprüfung

Im Rahmen des Eignungsnachweises werden von der Überwachungsstelle Materialproben nach Maßgabe von § 5 Abs. 2 der LAGA PN 98[1] (siehe Kap. 1.5) genommen. Die Proben müssen aus der jeweils ersten Produktionscharge von 200 bis 500 m$^3$ des jeweiligen Baustoffs in jeder in Verkehr zu bringenden Lieferkörnung genommen werden. Im Labor bzw. durch die Überwachungsstelle ist dann aus allen genommenen Proben eines Ersatzbaustoffs eine Durchschnittsprobe für die Untersuchungen zu bilden.

Im Labor wird die Probe nach den Anforderungen des mineralischen Ersatzbaustoffs nach den Materialwerten der ErsatzbaustoffV untersucht. Je nachdem, welche Grenzwerte vom Material eingehalten werden, wird der Ersatzbaustoff einer Materialklasse zugeordnet, die die erlaubten Einbauweisen vorgibt.

---

[1] LAGA PN 98; Richtlinie für das Vorgehen bei physikalischen, chemischen und biologischen Untersuchungen im Zusammenhang mit der Verwertung/Beseitigung von Abfällen(Mitteilung der Länderarbeitsgemeinschaft Abfall - LAGA 32, 05/2019)

## 4.1 Eignungsnachweis

*Prüfzeugnis*

Bei der Erstprüfung im Rahmen des Eignungsnachweises werden Ersatzbaustoffe auf den Gehalt aller in der jeweiligen Tabelle in Anhang 1 der ErsatzbaustoffV enthaltenen Schadstoffe untersucht – auch für diejenigen, für die es keinen Grenzwert gibt. Die Ergebnisse dieser Untersuchungen müssen im Prüfzeugnis angegeben werden.

Recyclingbaustoffe werden zusätzlich auf die Einhaltung der Überwachungswerte nach Anlage 4 der ErsatzbaustoffV untersucht. Dies ist Voraussetzung für eine positive Erstprüfung.

# 4.1

Eignungsnachweis

| Teilschritt | Untersuchungsverfahren | | Turnus |
|---|---|---|---|
| Eignungsnachweis (EgN) | ausführlicher Säulenversuch (DIN 19528, Ausgabe 01/2009) | | einmalig |
| Werkseigene Produktionskontrolle (WPK) | zur Herstellung des Eluats Säulenkurztest (DIN 19528, Ausgabe 01/2009) oder Schüttelversuch (DIN 19529, Ausgabe 12/2015) | alle vier Produktionswochen, mind. alle angefangenen 5.000 t, jedoch max. 36 pro Jahr für RC, HMVA, GS, BM aus Aufbereitungsanlage, BG | alle acht Produktionswochen, mind. alle angefangenen 10.000 t, jedoch max. 18 pro Jahr für CUM, GKOS, GRS, HOS, HS, SFA, BFA, SWS, SKG, SKA | bei Erfüllung von Fußnote 1 alle 13 Produktionswochen, mind. alle angefangenen 20.000 t, jedoch max. sechs pro Jahr für CUM, GKOS, GRS, HOS, HS, SFA, BFA, SWS, SKG, SKA und alle acht Produktionswochen, mind. alle angefangenen 10.000 t, jedoch max. 18 pro Kalenderjahr für RC, HMVA, GS, BM aus Aufbereitungsanlage, BG |

## 4.1 Eignungsnachweis

| Teilschritt | Untersuchungsverfahren | Turnus | |
|---|---|---|---|
| Fremdüberwachung (FÜ) | zur Herstellung des Eluats Säulenkurztest (DIN 19528, Ausgabe 01/2009) oder Schüttelversuch (DIN 19529, Ausgabe 12/2015) | alle 13 Produktionswochen, mind. alle angefangenen 15.000 t, jedoch max. zwölf pro Jahr für RC, HMVA, GS, BM aus Aufbereitungsanlage, BG | alle 26 Produktionswochen, mind. alle angefangenen 30.000 t, jedoch max. sechs pro Jahr für CUM, GKOS, GRS, HOS, HS, SFA, BFA, SWS, SKG, SKA | bei Erfüllung von Fußnote 1 alle 26 Produktionswochen, mind. alle angefangenen 60.000 t, jedoch max. drei pro Jahr für CUM, GKOS, GRS, HOS, HS, SFA, BFA, SWS, SKG, SKA und alle 26 Produktionswochen, mind. alle angefangenen 30.000 t, jedoch max. sechs pro Kalenderjahr für RC, HMVA, GS, BM aus Aufbereitungsanlagen, BG |

*Tab. 4.1.1-1: Untersuchungsverfahren und Turnus (Quelle: nach Anhang 4 EBV)*

## 4.1 Eignungsnachweis

Für die Erstprüfung ist zu Erstellung des Eluats für die Analysen im Labor der ausführliche Säulenversuch nach DIN 19528 vorgeschrieben. Eine Erstprüfung ist daher i. d. R. zeitlich aufwendiger.

Im Rahmen der Erstprüfung sind auch die bautechnischen Anforderungen an das Material zu prüfen.

Für den Erdbau sind i. d. R. zu ermitteln:

*Erdbau*

- stoffliche Zusammensetzung (TL BuB E-StB)
- Korngrößenverteilung (TL BuB E-StB)
- Bodengruppe (TL BuB E-StB)
- Frostempfindlichkeit (ZTV E-StB)
- Wassergehalt (TL BuB E-StB)
- Proctordichte (TL BuB E-StB)

Für Material, das für Schichten ohne Bindemittel im Straßenbau wie z. B. in Frostschutzschichten oder Tragschichten eingesetzt werden soll, werden regelmäßig folgende Parameter untersucht:

*Schichten ohne Bindemittel*

- stoffliche Zusammensetzung (TL SoB-StB, TL Gestein-StB[1])
- Rohdichte (TL SoB-StB)
- Korngrößenverteilung (TL SoB-StB)
- Feinanteile (TL SoB-StB)
- Überkorn (TL SoB-StB)

---

[1] TL Gestein-StB 04/23; Technische Lieferbedingungen für Gesteinskörnungen im Straßenbau (FGSV, Ausgabe 2004/Fassung 2023).

- Kornform (TL SoB-StB, TL Gestein-StB)
- Anteil gebrochener Oberflächen (TL SoB-StB, TL Gestein-StB)
- Widerstand gegen Zertrümmerung (TL SoB-StB, TL Gestein-StB)
- Widerstand gegen Frostbeanspruchung (TL SoB-StB, TL Gestein-StB)
- Wassergehalt/Trockendichte (TL SoB-StB)

### 4.1.2 Betriebsbeurteilung

*Technische Beurteilung*

Im Rahmen der Betriebsbeurteilung prüft die Überwachungsstelle, ob die Anlage und ihr Betreiber technisch, personell und organisatorisch eingerichtet ist, gütegesicherte Ersatzbaustoffe herzustellen.

In der technischen Beurteilung wird geprüft, inwieweit die Anlage dem aktuellen Stand der Technik entspricht und ob die grundsätzliche Funktionsfähigkeit gewährleistet ist.

*Personelle Beurteilung*

Die personelle Beurteilung umfasst die Überprüfung, ob Anzahl und Kenntnisse des Personals im Bereich Annahme, Betrieb und Lager geeignet sind, die Anforderungen für die Herstellung gütegesicherter Ersatzbaustoffe zu erfüllen, und ob hier regelmäßige Weiterbildungen erfolgen.

*Organisatorische Beurteilung*

Die organisatorische Beurteilung umfasst den Aufbau und die Prozesssteuerung des Aufbereiters. Es sollte ein Handbuch zur werkseigenen Produktionskontrolle (WPK) vorliegen, das Angaben zu den Verantwortlichkeiten der einzelnen Betriebsstellen, zu Weisungsbefugnissen und zur Einbindung externer Stellen wie z. B. Untersuchungsstellen enthält. Darüber hinaus legt das WPK-Handbuch den Umgang mit fehlerhaften Chargen fest, beschreibt Art und Umfang der werkseigenen Produktionskontrolle und die Dokumentation der Produktion. Im Rahmen der Betriebsbeurteilung ist das Handbuch der Überwachungsstelle vorzulegen.

Die Überwachungsstelle prüft auch die Umsetzung sowohl der Anforderungen des WPK-Handbuchs als auch der Anforderungen zur Annahmekontrolle nach § 3 der ErsatzbaustoffV in der Anlage. Dazu werden die entsprechenden Dokumentationen wie Annahmescheine, Voruntersuchungen und die Lagerorganisation geprüft.

Zur ordnungsgemäßen Dokumentation gehört für jede Anlage und jeden Einsatzort ein Verzeichnis der Ausgangsstoffe, also ein Verzeichnis der in der Anlage aufbereiteten Abfälle oder industriellen Nebenprodukte. Dieses Verzeichnis ist zusammen mit den Unterlagen von Fremdüberwachung und werkseigener Produktionskontrolle aufzubewahren.

*Dokumentation*

### 4.1.3 Bewertung

Im Rahmen des Eignungsnachweises hat die Untersuchungsstelle in ihrem Bericht die Ergebnisse der Erstprüfung und der Betriebsbeurteilung anzugeben. Darüber hinaus muss der Bericht eine abschließende Bewertung enthalten. Die Materialklasse des geprüften Ersatzbaustoffs, das positive Ergebnis des bautechnischen Eignungstests und der Betriebsbeurteilung sowie der erfolgreiche Eignungsnachweis müssen ebenfalls angegeben werden.

> **!** Der Hersteller darf Ersatzbaustoffe nur mit erfolgreichem Eignungsnachweis in Verkehr bringen.

*Sortenverzeichnis* Nach erfolgreichem Eignungsnachweis wird der Ersatzbaustoff in das Sortenverzeichnis der Anlage eingetragen. Das Sortenverzeichnis ist die Liste der güteüberwachten Ersatzbaustoffe, die in der Anlage hergestellt werden. Zu jeder Sorte ist die übliche Bezeichnung, Lieferkörnung, die Materialklasse nach ErsatzbaustoffV[1], der Fremdüberwacher, die technische Prüfvorschrift und ggf. technische Gütemerkmale wie Bodengruppe o. Ä. anzugeben.

Zum Verfahren beim Nichteinhalten von Anforderungen siehe Kapitel 4.4 Mängelbehebung.

### 4.1.4 Dokumentation und Aktualisierung

**Dokumentation**

Der Eignungsnachweis ist unverzüglich nach Erhalt von der Überwachungsstelle der zuständigen Behörde zu übermitteln. Er ist auch für die gesamte Dauer des Anlagenbetriebs aufzubewahren.

---

[1] ErsatzbaustoffV; Verordnung über Anforderungen an den Einbau von mineralischen Ersatzbaustoffen in technische Bauwerke (Ersatzbaustoffverordnung – ErsatzbaustoffV) (Bundesministerium der Justiz, 13.07.2023).

## Aktualisierung

Ein erstellter Eignungsnachweis ist ggf. zu aktualisieren, zu ergänzen bzw. neu zu erbringen,

- wenn die genehmigungspflichtige Anlage geändert wird,
- bei mobilen Anlagen bei einem Wechsel der Baumaßnahme sowie
- bei Herstellung von noch nicht vom EgN erfassten Ersatzbaustoffen.

# 4.1

Eignungsnachweis

## 4.2 Fremdüberwachung (FÜ)

In vorgegebenen Abständen hat die Überwachungsstelle in der Anlage eine Fremdüberwachung durchzuführen. Voraussetzung dafür ist, dass die Anlage über einen Eignungsnachweis verfügt.

### 4.2.1 Ablauf

Im Rahmen der Fremdüberwachung werden von der Überwachungsstelle in regelmäßigen Abständen sowohl die umwelttechnischen als auch die bautechnischen Eigenschaften der einzelnen Ersatzbaustoffe überprüft und überwacht.

Dazu sind durch die Überwachungsstelle von jedem Baustoff in jeder in Verkehr zu bringenden Lieferkörnung zwei Proben zu nehmen. Anhand der ersten Probe werden die bautechnischen und umwelttechnischen Parameter des Sekundärbaustoffs bestimmt. Bei der Fremdüberwachung sind in der Umwelttechnik nur Schadstoffe zu untersuchen, für die in Anlage 1 der ErsatzbaustoffV Materialwerte festgelegt sind. Zusätzlich bestimmt die EBV für Recyclingbaustoffe bei jeder zweiten Fremdüberwachung die Einhaltung der Überwachungswerte nach Anlage 4.

*Überprüfung der bautechnischen und umwelttechnischen Parameter*

# 4.2

Seite 2

Fremdüberwachung

*Abb. 4.2.1-1: Probenahme in der Fremdüberwachung (Quelle: Rutte)*

Für die Eluaterstellung im Labor kann zwischen dem Säulenkurztest nach DIN 19528 und dem Schüttelverfahren 2:1 (DIN 19529) gewählt werden. Um eine Vergleichbarkeit der Werte zu haben, empfiehlt es sich, bei einem Verfahren je Ersatzbaustoff in Fremdüberwachung und werkseigener Produktionskontrolle zu bleiben.

Im Rahmen der Fremdüberwachung ist auch die Einhaltung bautechnischen Anforderungen der für den Baustoff geltenden Regelwerke erneut zu prüfen.

*Erdbau* Für den Erdbau sind dies i. d. R.:

- stoffliche Zusammensetzung (TL BuB E-StB)
- Korngrößenverteilung (TL BuB E-StB)
- Bodengruppe (TL BuB E-StB)
- Frostempfindlichkeit (ZTV E-StB)

- Wassergehalt (TL BuB E-StB)
- Proctordichte (TL BuB E-StB)

Für den Straßenbau werden regelmäßig folgende Parameter untersucht:  *Straßenbau*

- stoffliche Zusammensetzung (TL SoB-StB, TL Gestein-StB)
- Rohdichte (TL SoB-StB)
- Korngrößenverteilung (TL SoB-StB)
- Feinanteile (TL SoB-StB)
- Überkorn (TL SoB-StB)
- Kornform (TL SoB-StB, TL Gestein-StB)
- Anteil gebrochener Oberflächen (TL SoB-StB, TL Gestein-StB)
- Widerstand gegen Zertrümmerung (TL SoB-StB, TL Gestein-StB)
- Widerstand gegen Frostbeanspruchung (TL SoB-StB, TL Gestein-StB)
- Wassergehalt/Trockendichte (TL SoB-StB)

Zusätzlich zur umwelttechnischen und bautechnischen Untersuchung hat die Überwachungsstelle im Rahmen der Fremdüberwachung die werkseigene Produktionskontrolle sowie die Annahmekontrolle inklusive der zugehörigen Dokumentation zu überprüfen.

Zusätzlich sind bei mobilen Anlagen bei jeder Fremdüberwachung die Angaben im Eignungsnachweis zu kontrollieren.

## 4.2.2 Häufigkeit

Wie oft eine Fremdüberwachung durchgeführt werden muss, bestimmt die ErsatzbaustoffV für die Umwelttechnik und die entsprechende TL (technische Lieferbedingung) für die Bautechnik. Die Vorgaben werden i. d. R. durch die Anzahl der Produktionswochen (1 Produktionswoche = 5 Produktionstage) bzw. durch die produzierte Menge bestimmt. Die EBV gibt eine Fremdüberwachung alle 13 Produktionswochen vor, mindestens aber alle angefangenen 15.000 t. Für alle Ersatzbaustoffe gibt es Höchstwerte.

| | Fremdüberwachung | |
|---|---|---|
| MEB | Recyclingbaustoff, Hausmüllverbrennungsasche, Gleisschotter, Bodenmaterial aus Aufbereitungsanlagen, Baggergut | Braunkohlenflugasche, Gießerei-Kupolofenschlacke, Gießereirestsand, Hochofenstückschlacke, Hüttensand, Kupferhüttenmaterial, Schmelzkammergranulat, Stahlwerksschlacke, Steinkohlenflugasche, Steinkohlenkesselasche |
| Intervall | alle 13 Produktionswochen, mind. alle angefangenen 15.000 t, jedoch max. zwölf pro Jahr | alle 26 Produktionswochen, mind. alle angefangenen 30.000 t, jedoch max. sechs pro Jahr |

Tab. 4.2.2-1: Fremdüberwachung nach EBV (Quelle: nach ErsatzbaustoffV, Anlage 4)

*Bautechnische Prüfung viermal im Produktionsjahr*

Bautechnisch sind die Prüfhäufigkeiten abhängig von der zu untersuchenden Anforderung und dem geltenden technischen Regelwerk, i. d. R. jedoch viermal im Produktionsjahr.

> **!** Abweichend von diesen Regelungen bestimmt die EBV, dass bei einer mobilen Anlage nach jedem Wechsel des Standorts immer mit einer Fremdüberwachung begonnen werden muss.

### 4.2.3 Dokumentation

Die Überwachungsstelle erstellt zu jeder Fremdüberwachung einen Bericht, der das Protokoll der Probenahme sowie die Analyseergebnisse, die Bewertung der werkseigenen Produktions- und der Annahmekontrolle sowie der Dokumentation enthält. Abschließend enthält der Bericht eine umwelttechnische und bautechnische Bewertung des Materials nach den Materialklassen der ErsatzbaustoffV und dem geltenden Regelwerk. Für mobile Anlagen wird zusätzlich der Kontrollvergleich mit dem Eignungsnachweis angegeben.

Über das Verfahren bei Abweichungen siehe Kapitel 4.4 „Mängelbehebung".

# 4.2
Fremdüberwachung

## 4.3 Werkseigene Produktionskontrolle (WPK)

Ergänzend zur Fremdüberwachung durch die Überwachungsstelle hat der Hersteller die Verpflichtung, den eigenen Produktionsprozess zu überwachen und die Qualität der hergestellten Ersatzbaustoffe sicherzustellen. Diese Verpflichtung wird durch die werkseigene Produktionskontrolle (WPK) abgedeckt.

Da die werkseigene Produktionskontrolle im Rahmen der Fremdüberwachung kontrolliert und bewertet wird, empfiehlt es sich für den Hersteller, seine Maßnahmen im Bereich der WPK (die im WPK-Handbuch dokumentiert sind) mit der Überwachungsstelle abzustimmen. Dadurch kann die Wirksamkeit der WPK von Anfang an sichergestellt werden.

*Kontrolliert im Rahmen der Fremdüberwachung*

Zur WPK gehört auch regelmäßig die Eingangskontrolle der eingehenden Abfälle. Dies wird nicht im Rahmen dieses Kapitels behandelt.

### 4.3.1 Ablauf

Da die WPK die Fremdüberwachung ergänzt, sind im Rahmen der WPK ebenfalls Materialproben in der in Verkehr zu bringenden Körnung zu nehmen und bau- sowie umwelttechnisch zu untersuchen. Die Probenahme hat ebenfalls nach LAGA PN 98 (siehe Kap. 1.5) durch einen sach- und fachkundigen Probenehmer zu erfolgen. Dies kann ein Mitarbeiter des Herstellers/Aufbereiters sein. Die Sachkunde kann durch die erfolgreiche Teilnahme an einem PN 98 Lehrgang erlangt werden. Die Fachkunde erlangt der Pro-

## 4.3 Werkseigene Produktionskontrolle

benehmer durch qualifizierte Ausbildung (Studium) oder langjährige praktische Erfahrung. Alternativ kann der Probenehmer auch durch eine Untersuchungsstelle eingewiesen werden, und ein Fachkundiger bestätigt die ordnungsgemäße Probenahme.

*Probenahme*

Die Probe kann je nach Ausstattung des Herstellers dann selbst geprüft bzw. durch eine bau- und/oder umwelttechnische Untersuchungsstelle analysiert werden. In der Praxis können größere Hersteller Teile der bautechnischen Untersuchungen durch eigenes Personal durchführen (z. B. die Korngrößenverteilung und die stoffliche Zusammensetzung), für die Umwelttechnik wird man auf ein akkreditiertes Labor zugreifen.

> Wichtig ist, die Durchführung der Untersuchungen im Vorfeld zu planen und mit der Überwachungsstelle abzustimmen.

In der werkseigenen Produktionskontrolle sind in der Umwelttechnik nur Schadstoffe zu untersuchen, für die in Anlage 1 der ErsatzbaustoffV Materialwerte festgelegt sind.

Für die Eluaterstellung im Labor kann zwischen dem Säulenkurztest nach DIN 19528 und dem Schüttelverfahren 2:1 (DIN 19529) gewählt werden. Um eine Vergleichbarkeit der Werte zu haben, empfiehlt es sich, in der werkseigenen Produktionskontrolle dasselbe Verfahren wie in der Fremdüberwachung einzusetzen.

Im Rahmen der Fremdüberwachung ist auch die Einhaltung der bautechnischen Anforderungen der für den Baustoff geltenden Regelwerke erneut zu prüfen.

*Einhaltung der bautechnischen Anforderungen*

Für den Erdbau sind dies i. d. R.:

- stoffliche Zusammensetzung (TL BuB E-StB)
- Korngrößenverteilung (TL BuB E-StB)
- Wassergehalt (TL BuB E-StB)

Für den Straßenbau werden regelmäßig folgende Parameter untersucht:

- stoffliche Zusammensetzung (TL SoB-StB, TL Gestein-StB)
- Korngrößenverteilung (TL SoB-StB)
- Feinanteile (TL SoB-StB)
- Überkorn (TL SoB-StB)
- Kornform (TL SoB-StB, TL Gestein-StB)

## 4.3.2 Häufigkeit

| Teilschritt | Untersuchungsverfahren | | Turnus |
|---|---|---|---|
| Werkseigene Produktionskontrolle (WPK) | zur Herstellung des Eluats Säulenkurztest (DIN 19528, Ausgabe 01/2009) oder Schüttelversuch (DIN 19529, Ausgabe 12/2015) | alle vier Produktionswochen, mind. alle angefangenen 5.000 t, jedoch max. 36 pro Jahr für RC, HMVA, GS, BM aus Aufbereitungsanlage, BG | alle acht Produktionswochen, mind. alle angefangenen 10.000 t, jedoch max. 18 pro Jahr für CUM, GKOS, GRS, HOS, HS, SFA, BFA, SWS, SKG, SKA |
| | | | bei Erfüllung von Fußnote 1 alle 13 Produktionswochen, mind. alle angefangenen 20.000 t; mind. max. sechs pro Jahr für CUM, GKOS, GRS, HOS, HS, SFA, BFA, SWS, SKG, SKA und alle acht Produktionswochen, mind. alle angefangenen 10.000 t, jedoch max. 18 pro Kalenderjahr für RC, HMVA, GS, BM aus Aufbereitungsanlage, BG |

*Tab. 4.3.2-1: Untersuchungsverfahren und Turnus (Quelle: nach Anhang 4 der EBV)*

# 4.3 Werkseigene Produktionskontrolle

Auch die Häufigkeiten der werkseigenen Produktionskontrolle werden aufseiten der Umwelttechnik durch die ErsatzbaustoffV bestimmt und aufseiten der Bautechnik durch die geltenden technischen Lieferbedingungen (TL SoB-StB, TL BuB E-StB). Die Vorgaben werden i. d. R. durch die Anzahl der Produktionswochen (1 Produktionswoche = 5 Produktionstage) bzw. durch die produzierte Menge bestimmt. Die EBV gibt eine werkseigene Produktionskontrolle alle vier Produktionswochen, aber mindestens alle angefangenen 5.000 t vor. Für manche MEB sind aufgrund ihrer Homogenität größere Zeiträume bzw. größere Tonnagen möglich. Die ErsatzbaustoffV bestimmt auch Höchstwerte.

Bautechnisch sind die Prüfhäufigkeiten abhängig von der zu untersuchenden Anforderung und dem geltenden technischen Regelwerk, i. d. R. jedoch alle fünf Produktionstage bzw. alle angefangenen 5.000 t.

*Kontrolle alle fünf Produktionstage*

## 4.3.3 Haldenproduktion

Eine Besonderheit in der werkseigenen Produktionskontrolle stellt die Haldenproduktion dar, bei der Material über einen längeren Zeitraum gesammelt und dann i. d. R. in einem kurze Produktionszeitraum in einer Charge aufbereitet wird. Meistens werden nur zwei oder drei Chargen im Jahr produziert.

Die ErsatzbaustoffV bestimmt in § 6 Abs. 4: *„Fällt der Zeitpunkt der Probenahme im Rahmen der werkseigenen Produktionskontrolle mit dem Zeitpunkt der Probenahme der Fremdüberwachung zusammen, entfällt die werkseigene Produktionskontrolle."* Beauftragt der Hersteller also den Fremdüberwacher mit einer Pro-

**4.3 Werkseigene Produktionskontrolle**

Seite 6

benahme, wenn eigentlich eine werkseigene Produktionskontrolle durchzuführen wäre, entfällt die Verpflichtung zur WPK für diese Charge. Unter Umständen kann auf Probenahmen in der WPK komplett verzichtet werden, wenn bei jeder Charge der Fremdüberwacher eingeschaltet wird. Die Größe der überwachten Halde darf dabei nicht die (angefangenen) 5.000 t überschreiten.

### 4.3.4 Dokumentation und Bewertung

Der Betreiber der Anlage muss die erhaltenen Untersuchungsergebnisse bewerten und den hergestellten Ersatzbaustoff einer Materialklasse nach der ErsatzbaustoffV zuordnen. Die Bewertung erfolgt über Vergleich der Ergebnisse mit den Materialwerten in Anlage 1 der EBV. Sind aller Werte einer Materialklasse eingehalten (gleich oder kleiner), kann der Ersatzbaustoff dieser Klasse zugeordnet werden. Dies ist auch der Fall, wenn ein Messwert den Grenzwert bis höchstens zum Bezugswert überschreitet, dies aber nur einmal innerhalb von fünf aufeinanderfolgenden Untersuchungen in WPK und wenn Fremdüberwachung der Fall ist.

Die Parameter „pH-Wert" und „elektrische Leitfähigkeit" sind Orientierungswerte. Sind sie überschritten, hat der Anlagenbetreiber die Gründe dafür zu ermitteln und zu dokumentieren. Ausnahme sind Gießereirestsande – hier ist der pH-Wert ein Grenzwert.

*Aufbewahrungszeit mindestens fünf Jahre*

Der Betreiber hat Prüfzeugnisse aus der Güteüberwachung, Probenahmeprotokolle, die Bewertung der Prüfergebnisse sowie die Klassifizierung des Ersatzbaustoffs zu dokumentieren und mindestens fünf Jahre aufzubewahren. Der Eignungsnachweis muss für die Dauer des Anlagenbetriebs aufbewahrt werden.

Zum Verfahren beim Nichteinhalten von Anforderungen siehe Kapitel 4.4 „Mängelbehebung".

# 4.3

Werkseigene Produktions-
kontrolle

## 4.4 Mängelbehebung

### 4.4.1 Mängel im Eignungsnachweis

Im Eignungsnachweis sind keine Mängel möglich. Er gilt dann als nicht bestanden und wird nicht erteilt. Ein Inverkehrbringen der Ersatzbaustoffe ist damit bis zur erfolgreichen Wiederholung nicht möglich. Natürlich muss der Hersteller ermitteln, warum der Eignungsnachweis nicht erteilt werden konnte, und die Gründe dafür abstellen.

*Keine Mängel möglich*

Gründe, die in der Betriebsbeurteilung ihre Ursache haben, lassen sich häufig durch Ergänzung der Dokumentation, durch technische Verbesserungen (Stand der Technik) und durch personelle Schulungsmaßnahmen beheben.

### 4.4.2 Mängel in der Fremdüberwachung

Grundsätzlich sollten schadhafte Chargen separiert und entsprechend gekennzeichnet werden, um eine ungewollte Vermischung oder Auslieferung zu verhindern.

Werden in der Fremdüberwachung Mängel festgestellt, wiederholt die Prüfstelle die Untersuchung.

Bleibt es auch in dieser Untersuchung bei einem negativen Ergebnis, setzt die Überwachungsstelle dem Hersteller eine Frist zur Behebung des Mangels. Sie ist verpflichtet, ebenfalls die zuständige Behörde (Kreisverwaltung, Landratsamt, Straßenbaubehörde) über den Mangel zu informieren. In der Regel kann die Über-

## 4.4 Mängelbehebung

wachungsstelle konkrete Vorschläge über die Beseitigung des Mangels machen. Auch Rücksprache mit der Zertifizierungsstelle kann hier sinnvoll sein.

> **Achtung:** Eine Verdünnung des Schadstoffgehalts durch Zumischen weiteren Materials ist verboten!

*Erneute Untersuchung*

Nach Ablauf der Frist muss eine erneute Untersuchung erfolgen.

Ist diese Untersuchung wieder negativ, informiert die Überwachungsstelle die zuständige Behörde und stellt die Fremdüberwachung des Baustoffs ein. Der Hersteller darf den Baustoff dann nur noch mit Zustimmung der Behörde in Verkehr bringen. Werden die Materialwerte der Umwelttechnik erneut nicht eingehalten, muss die Charge der nächsthöheren Materialklasse zugeordnet (sofern die Werte eingehalten werden) oder schadlos beseitigt werden.

Stellt die Überwachungsstelle Mängel in der werkseigenen Produktionskontrolle fest, informiert sie auch hier die Behörde und setzt eine angemessene Frist zur Behebung der Mängel.

Werden die Mängel innerhalb der Frist nicht behoben, stellt die Überwachungsstelle die Überwachung des Ersatzbaustoffs ein und informiert darüber die Behörde. Diese veröffentlicht die Einstellung auf ihrer Webseite. Der Hersteller darf den Baustoff dann nur noch mit Zustimmung der Behörde in Verkehr bringen.

Die Überwachungsstelle kann die Fremdüberwachung wieder aufnehmen, wenn der Hersteller den Nachweis für die Voraussetzung der Herstellung von anforderungsgerechten Ersatzbaustoffen und einer ordnungsgemäßen WPK erbringt.

### 4.4.3 Mängel in der werkseigenen Produktionskontrolle

Stellt der Hersteller bei der Durchführung der werkseigenen Produktionskontrolle bau- oder umwelttechnische Mängel fest, sollte er die schadhafte Charge sofort separieren und kennzeichnen.

*Schadhafte Charge separieren*

Werden die vorgegeben Materialwerte vom untersuchten Baustoff nicht eingehalten, muss der Hersteller unverzüglich die Ursachen ermitteln und abstellen. Die geprüfte Charge ist der Materialklasse zuzuordnen, für die die Werte erreicht werden bzw. schadlos zu beseitigen, falls keine Werte eingehalten werden können. Durch zusätzliche Aufbereitung und erneute werkseigene Produktionskontrolle können diese Mängel beseitigt werden. Achtung: Ein Zumischen weiteren Materials zur Verdünnung der Schadstoffgehalte ist verboten!

Ebenso können bautechnische Mängel ggf. durch erneute Aufbereitung beseitigt werden. Ein Zumischen von Material der gleichen Materialklasse zur Verbesserung der bautechnischen Eigenschaften ist erlaubt. Eine erneute werkseigene Produktionskontrolle ist dann erforderlich, um die Wirksamkeit der Maßnahmen sicherzustellen.

## 4.4 Mängelbehebung

Alle Maßnahmen zur Mängelbeseitigung sind zu dokumentieren und zusammen mit den Unterlagen der Gütesicherung aufzubewahren.

## 4.5 Zertifizierung und Güteüberwachung

**Zertifizierung**

Die Zertifizierung wird nach DIN 18200 durch eine unabhängige dritte Stelle durchgeführt. Diese prüft und bestätigt sowohl dem Hersteller als auch der Überwachungsstelle die Einhaltung der anzuwendenden Regelwerke und Vorschriften. Die Aufgaben einer Zertifizierungsstelle können von einem Überwachungsverein, einer Behörde oder auch durch eine privatwirtschaftliche Initiative übernommen werden.

*DIN 18200*

*Abb. 4.5-1: Zertifizierung ist die Bestätigung der Konformität (Quelle: Rutte)*

In der Praxis gibt es große Unterschiede in diesem Bereich. Diese reichen von der einfachen Veröffentlichung der Daten in einem öffentlichen Verzeichnis über die einfache Mitgliedschaft in einem Verein bis hin zur Verpflichtung der Teilnahme an einem betrieblichen Gütesicherungssystem mit konkretisierten Anforderungen.

Auch bei der Art der Zertifizierung gibt es Unterschiede. Diese reichen von Schmuckzertifikaten mit einer Zusammenfassung der Untersuchungsergebnisse über die Zertifizierung der Herstelleranlage über die grundsätzliche Fähigkeit der Gütesicherung bis hin zum Produktzertifikat, das die Konformität des geprüften Baustoffs mit den gesetzlichen und technischen Anforderungen unabhängig bestätigt. Tatsächlich entsprechen nur Letztere der DIN 18200. Einige Zertifizierungssysteme legen ihre Anforderungen bewusst über die gesetzlichen Anforderungen.

> **!** Es ist daher dringend geraten, die Zertifizierung passend zur Unternehmensausrichtung des Herstellers zu wählen.

### Güteüberwachungsgemeinschaften

Eine Sonderstellung im Bereich Gütesicherung/Zertifizierung nehmen Güteüberwachungsgemeinschaften (GÜG) ein. Diese werden im § 13 der EBV erstmalig gesetzlich für Sekundärbaustoffe definiert und die Anforderungen festgelegt.

Eine Güteüberwachungsgemeinschaft besteht demnach aus verschiedenen Mitgliedern, die sich gemeinschaftlich einer entsprechenden Gemeinschaftsordnung unterwerfen. So legt die EBV fest, dass sowohl der Hersteller eines Sekundärbaustoffs, die ihn überwachende Prüfstelle als auch die ggf. in der WPK tätige Untersuchungsstelle der GÜG angeschlossen sein müssen. Darüber hinaus nimmt die GÜG zusätzlich Überwachungsaufgaben vor dem Eignungsnachweis wahr.

Dazu gehören:

- eine Betriebsbeurteilung mit Vor-Ort-Begehung vor Aufnahme in die GÜG
- Prüfung der Zuverlässigkeit des Anlagenbetreibers
- Prüfung der Fachkunde des Anlagenbetreibers
- Vorhaltung eines elektronischen Nachweissystems der Güteüberwachung (EgN, FÜ und WPK)
- regelmäßige Information aller Mitglieder über die einzuhaltenden Pflichten

Im Gegenzug erlaubt die EBV bei Mitgliedschaft in einer anerkannten GÜG größere Abstände ausschließlich zwischen den umwelttechnischen Untersuchungen sowohl in der Fremdüberwachung als auch in der WPK. Die GÜG ist verpflichtet, die Anlagen der Mitgliedsbetriebe im Internet zu veröffentlichen bzw. bei Nichterfüllen der Anforderungen unverzüglich wieder zu entfernen.

Eine GÜG muss durch die zuständige Landesbehörde des Landes anerkannt werden, in dem sie ihren Sitz hat. Darüber hinaus muss die GÜG diese Anerkennung von allen Landesbehörden, in deren Gebiet sie tätig werden möchte, bestätigen lassen.

## 4.5 Zertifizierung und Güteüberwachung

# 5

# 5 Verwendung von Recyclingbaustoffen

**Autoren**
Michael Dohlen (5–5.4)

**Inhaltsverzeichnis**

**5.1 RC-Baustoffe für die Verwendung im Straßen- und Erdbau**
5.1.1 Straßenbau
5.1.2 RC-Baustoffe für die Verwendung in spezifischen Bahnbauweisen
5.1.3 Wege- und Erdbau inkl. Deponiebau
5.1.4 Land- und forstwirtschaftlicher Wegebau
5.1.5 Zufahrtswege für Windkraftanlagen
5.1.6 Parkplätze, Stellflächen, Rad- und Gehwege
5.1.7 Weitere Erdbaumaßnahmen

**5.2 RC-Baustoffe für die Verwendung als Gesteinskörnung im Betonbau**

**5.3 Weitere Verwendungsmöglichkeiten für RC-Baustoffe**
5.3.1 Vegetationstechnik
5.3.2 Bauprodukte
5.3.3 Gabionenfüllmaterial

**5.4 Rückbau und Wiederverwendung**

# 5

Verwendung von Recyclingbaustoffen

# 5 Verwendung von Recyclingbaustoffen

Im Zuge der nachhaltigen Nutzung von Primärressourcen, der Erreichung der nationalen Klimaziele und um die Rohstoffversorgung in Deutschland langfristig zu sichern, ist ein Umdenken im Bausektor unumgänglich. Allein in Deutschland entstehen im Zuge von Bautätigkeiten sowie bei der Herstellung von Metallen, der Erzeugung von Energie und weiteren industriellen Prozessen jährlich ca. 260 Mio. t mineralische Bauabfälle und industrielle Nebenprodukte,[1] die als zirkuläre Rohstoffe einen wichtigen Beitrag für die Versorgung mit mineralischen Baustoffen leisten. Um die Transformation von einer Linear- hin zu einer funktionierenden Kreislaufwirtschaft (Circular Economy) erfolgreich in der Bauwirtschaft umzusetzen, ist ein Weg, mineralische Bauabfälle nach einer Aufbereitung als güteüberwachte und qualitätsgesicherte Baustoffe so oft und so hochwertig wie möglich wiederzuverwenden; unter Berücksichtigung der Wirtschaftlichkeit und möglichst kurzen Transportwegen.

*Circular Economy*

Schon heute stellt das Recycling von mineralischen Bau- und Abbruchabfällen neben der Primärrohstoffgewinnung aus heimischem Bergbau und dem Rohstoffimport eine wichtige Säule in der deutschen Baustoffversorgung dar. Recyclingbaustoffe, die mengenmäßig bedeutsamsten mineralischen Ersatzbaustoffe, werden nach einer mechanischen Aufbereitung und bei entsprechender Eignung überwiegend im Straßen- und

*Einsatz von RC-Baustoffen überwiegend im Straßen- und Erdbau*

---

[1] Bundesverband Baustoffe – Steine und Erden e. V. (Hrsg.) (2023): Mineralische Bauabfälle Monitoring 2020. Bericht zum Aufkommen und zum Verbleib mineralischer Bauabfälle im Jahr 2020. Berlin.

## Verwendung von Recyclingbaustoffen

Erdbau eingesetzt. Sie decken mit insgesamt 76,9 Mio. t einen großen Teil des Bedarfs der benötigten Gesteinskörnungen (*Abb. 1*). Dieser Bedarf betrug 2020 in Deutschland 584,6 Mio. t.[1] Die mittlere Substitutionsquote durch Recyclingbaustoffe beträgt damit rund 13 %. Eine Steigerung der Substitutionsquote wäre zukünftig möglich, wenn z. B. durch eine umfassendere Aufbereitung mehr Recyclingbaustoffe aus anfallenden mineralischen Bau- und Abbruchabfällen gewonnen werden.

**Recycling-Baustoffe insgesamt 76,9 Mio. t**

- Verwertung im Straßenbau (38,7 Mio. t)
- Verwertung im Erdbau (17,7 Mio. t)
- Verwertung in der Asphalt- und Betonherstellung (15,0 Mio. t)
- Sonstige Verwertung (5,5 Mio. t)

*Abb. 5-1: Verwertung von Recyclingbaustoffen in Deutschland für das Jahr 2020 (Quelle: Bundesverband Baustoffe – Steine und Erden e. V.)*

---

[1] Bundesverband Baustoffe – Steine und Erden e. V. (Hrsg.) (2023): Mineralische Bauabfälle Monitoring 2020. Bericht zum Aufkommen und zum Verbleib mineralischer Bauabfälle im Jahr 2020. Berlin.

> **!** Die Berechnung der Wirtschaftlichkeit beim Einsatz von Recyclingbaustoffen in technischen Bauwerken und Gebäuden gegenüber natürlichen Gesteinen kann sich in der Zukunft verändern, wenn z. B. aufgrund einer Primärbaustoffsteuer oder verbindlichen Vorgaben zur Verringerung des Primärrohstoffeinsatzes mineralische Abfälle und industrielle Nebenprodukte nach technisch aufwendiger Aufbereitung stärker vom Markt nachgefragt werden.

## Ersatzbaustoffverordnung

Um die Akzeptanz und die Verwendung von mineralischen Ersatzbaustoffen, kurz MEB, in technischen Bauwerken zu steigern bzw. zu erleichtern, wurde die bundeseinheitliche Verordnung über Anforderungen an den Einbau von mineralischen Ersatzbaustoffen in technische Bauwerke, Ersatzbaustoffverordnung,[1] kurz ErsatzbaustoffV, am 01.08.2023 in Kraft gesetzt. Ob der Begriff *Ersatzbaustoff* geeignet ist, die oftmals vorherrschenden Bedenken gegenüber Baustoffen aus mineralischen Abfällen und industriellen Nebenprodukten zu zerstreuen, erscheint fraglich. Der Autor bevorzugt darum den Begriff *zirkulärer Baustoff*, weil dieser den Ansatz des nachhaltigen und zirkulären Bauens besser

---

[1] BGBl. (2021): Ersatzbaustoffverordnung vom 09.07.2021 (BGBl. I S. 2598), zuletzt geändert durch Art. 1 der Verordnung vom 13.07.2023 (BGBl. I Nr. 186).

*Verwendung von Recyclingbaustoffen*

beschreibt. Genau wie unter den Begriffen Ersatz- oder Sekundärbaustoff lässt sich damit eine Vielzahl von mineralischen Baustoffen sinnvoll zusammenfassen.

*EBV unterscheidet 17 Einbauweisen*

Gemäß ErsatzbaustoffV müssen mineralische Ersatzbaustoffe umweltrelevante Anforderungen für bestimmte Anwendungszwecke erfüllen. Dazu zählt bspw. der Einbau von Recyclingbaustoffen in technischen Bauwerken des Tiefbaus wie Straßen, Wege, Parkplätze, Flächen, Sichtschutzwälle u. a. Die Ersatzbaustoffverordnung unterscheidet insgesamt 17 Einbauweisen für Einsatzgebiete im Straßen-, Wege- und Erdbau, die unter dem Aspekt des Umweltschutzes zusammengefasst wurden. Unter bautechnischen Gesichtspunkten lassen sich insgesamt 44 bautechnisch unterschiedliche EBV-Einbauweisen unterscheiden. Hinzu kommen noch 26 Bahnbauweisen. Für Einbauweisen, die nicht in der Ersatzbaustoffverordnung geregelt sind, kann bei der zuständigen Behörde eine Prüfung auf Einzelfallzulassung beantragt werden.

> **!** Der Einbau von mineralischen Ersatzbaustoffen oder Gemischen in technische Bauwerke darf nur in dem für den jeweiligen bautechnischen Zweck erforderlichen Umfang erfolgen. Hintergrund ist, dass sog. „Scheinverwertungsmaßnahmen" von Regelbauweisen im qualifizierten Straßen- und Erdbau abgegrenzt werden sollen.

Ziele der Ersatzbaustoffverordnung sind, nachteilige Veränderungen der Grundwasserbeschaffenheit und das Entstehen schädlicher Bodenveränderungen durch Begrenzung von Schadstoffen, die beim Einbau von MEB durch Sickerwasser in den Boden und das Grundwasser eindringen können, dauerhaft auszuschließen. Die Ersatzbaustoffverordnung hat die unterschiedlichen Regelungen in den einzelnen Bundesländern abgelöst, wie LAGA M 20[1] und LAGA TR Boden[2] sowie länderspezifische Recycling-Erlasse. Die Rahmenbedingungen bilden das Wasserhaushaltsgesetz und das Bodenschutzgesetz. Weitere Aspekte, wie die Kreislaufwirtschaft und der Ressourcenschutz, werden berücksichtigt. Wichtigste Erleichterung der Ersatzbaustoffverordnung ist, dass die Anzeige- und ggf. Erlaubnispflicht bei Gewässernutzung und Erdarbeiten, die sich durch Stoffeinträge negativ auf die Grundwasserbeschaffenheit auswirken können, die sog. wasserrechtliche Erlaubnis, nicht erforderlich ist, wenn die Anforderungen der Ersatzbaustoffverordnung eingehalten werden.[3] Dokumentations-, Anzeigepflichten und Mindesteinbaumengen, z. B. für die Materialklasse RC-3, sowie lokale Bedingungen am Einbauort müssen bei der Verwendung beachtet werden.

---

[1] Länderarbeitsgemeinschaft Abfall (LAGA) (2003): Anforderungen an die stoffliche Verwertung von mineralischen Abfällen – Teil I: Technische Regeln. Allgemeiner Teil.
[2] Länderarbeitsgemeinschaft Abfall (LAGA) (2004): Anforderungen an die stoffliche Verwertung von mineralischen Abfällen – Teil II: Technische Regeln für die Verwertung, 1.2 Bodenmaterial.
[3] Dohlen, M. (2023): Stichtag 01.08.2023: Die neue Ersatzbaustoffverordnung und was Planungsbüros dazu wissen müssen. In: PBP Planungsbüro professionell. S. 19–20. IWW Institut für Wissen in der Wirtschaft. Würzburg.

# 5 Verwendung von Recyclingbaustoffen

*DepV* Das Auf- oder Einbringen von Material auf oder in eine durchwurzelbare Bodenschicht oder Herstellung einer durchwurzelbaren Bodenschicht, z. B. zur Rekultivierung, Widernutzbarmachung, zum Landschaftsbau, zur landwirtschaftlichen Folgenutzung oder zur Herstellung einer solchen Schicht auf technischen Bauwerken, regelt die Bundes-Bodenschutz- und Altlastenverordnung,[1] kurz BBodSchV. In der Verordnung über den Versatz von Abfällen unter Tage,[2] kurz Versatzverordnung oder VersatzV, werden u. a. spezifische stoffliche Anforderungen an die Herstellung von Versatzmaterial und den Einsatz von Versatzmaterial in untertägigen Verfüllungen, wie bergbauliche Hohlräume, geregelt. Die Verwendung von RC-Baustoffen als Deponieersatzbaustoffe ist in der Verordnung über Deponien und Langzeitlager,[3] kurz Deponieverordnung oder DepV, festgelegt.

| Verwertung von Ersatzbaustoffen und Abfällen auf und im Boden | | | |
|---|---|---|---|
| technische Bauwerke | obertägige Verfüllungen | | untertägige Verfüllungen |
| | unter-/außerhalb durchwurzelbarer Bodenschicht | auf/in durchwurzelbarer Bodenschicht | |
| EBV | BBodSchV und *„Ländereröffnungsklausel"* | BBodSchV | VersatzV |

Tab. 5-1: *Überblick über die zu beachtenden Gesetze bei der Verwertung von Abfällen und Ersatzbaustoffen auf und im Boden (Quelle: Dohlen)*

---

[1] BGBl. (2021): Bundes-Bodenschutz- und Altlastenverordnung vom 09.07.2021 (BGBl. I S. 2598, 2716).
[2] BGBl. (2002): Versatzverordnung vom 24.07.2002 (BGBl. I S. 2833), zuletzt geändert durch Art. 5 Abs. 25 des Gesetzes vom 24.02.2012 (BGBl. I S. 212).
[3] BGBl. (2009): Deponieverordnung vom 27.04.2009 (BGBl. I S. 900), zuletzt geändert durch Art. 3 der Verordnung vom 09.07.2021 (BGBl. I S. 2598).

Verwendung von
Recyclingbaustoffen

> **!** Die „Länderöffnungsklausel" gem. § 8 Abs. 8 BBodSchV besagt, dass die Bundesländer bei (Wieder-)Verfüllungen von abgebauten Vorkommen mineralischer Rohstoffe, z. B. Kies oder Sand, von bestimmten Vorgaben der Bundes-Bodenschutz- und Altlastenverordnung abweichen und dafür landesspezifische Regelungen treffen können.

Bei einem Recyclingbaustoff, auch RC-Baustoff, kurz RC, handelt es sich um einen mineralischen Baustoff, der in stationären oder mobilen Recycling-Anlagen durch mechanische Aufbereitung (= Recycling) von Bau- und Abbruchabfällen entstanden ist, d. h., der Begriff Recyclingbaustoff beschreibt den Ausgangsstrom nach einem Recycling-Prozess. Bei der Aufbereitung gibt es verschiedene Verfahren, die sich hinsichtlich der eingesetzten Technik unterscheiden. Allgemein dominieren einfache Aufbereitungsanlagen, die trocken aufbereiten. Moderne Aufbereitungsverfahren, z. B. sensorgestützte oder nassaufbereitende Verfahren, sind aktuell noch wenig verbreitet. Zukünftig besteht v. a. wegen der Asbestthematik der Bedarf an der Entwicklung neuer Technologien, die es ermöglichen, geringfügige Schadstoffbelastungen aus dem aufzubereitenden Ausgangsmaterial zu entfernen. Im Wesentlichen stammt das Ausgangsmaterial aus Baumaßnahmen, bspw. Neu- und Umbau sowie Abbruch von Straßen, Gebäuden und anderen Bauwerken, sowie aus Produktionsrückständen oder nicht konformen Produkten mineralischer Baustoffe. Die wichtigsten Aufbereitungs-

*RC-Baustoffe*

## 5 Verwendung von Recyclingbaustoffen

prozesse umfassen das Brechen, Sieben, Sortieren, Entfernen von Metallen und organischen Anteilen.

> **!** Der Schadstoff **Asbest** ist nicht direkt in der Ersatzbaustoffverordnung geregelt. Allerdings können geringfügige asbesthaltige Bestandteile im Ausgangsmaterial, z. B. aus Putzen oder Abstandshaltern, dazu führen, dass belasteter Bauschutt aus dem Stoffkreislauf ausgeschleust werden muss und nicht als Recyclingbaustoff eingesetzt werden darf. In der LAGA-Mitteilung 23[1] ist eine Vorgehensweise beschrieben, wie mit asbestverdächtigen Materialien umgegangen werden sollte. Recyclingbaustoffe müssen nach der Aufbereitung rechtssicher als asbestfrei eingestuft und deklariert werden, um sie in den Verkehr zu bringen.

*GewAbfV* Die beste Basis für die Herstellung geeigneter RC-Baustoffe ist der kontrollierte Abbruch oder der selektive Rück- bzw. Umbau nach einer Baustofferkundung. Durch eine vorgelagerte Schadstoffentfrachtung und sortenreine Trennung der unterschiedlichen Stoffgruppen gemäß der Verordnung über die Bewirtschaftung von gewerblichen Siedlungsabfällen und von bestimmten Bau- und Abbruchabfällen,[2] kurz Gewerbeabfallverordnung oder GewAbfV, werden bereits vor der Aufbereitung die stofflichen Voraussetzungen für hochwer-

---

[1] Länderarbeitsgemeinschaft Abfall (LAGA) (2023): Vollzugshilfe zur Entsorgung asbesthaltiger Abfälle – LAGA-Mitteilung 23.
[2] BGBl. (2017): Gewerbeabfallverordnung vom 18.04.2017 (BGBl. I S. 896), zuletzt geändert durch Art. 3 der Verordnung vom 28.04.2022 (BGBl. I S. 700).

tige RC-Baustoffe geschaffen. Außerdem wird dadurch auch verhindert, dass Bauwerke oder -teile aus den „Asbestjahren", d. h. hergestellt vor dem 31.10.1993, die vorher nicht auf Asbest hin erkundet oder saniert wurden, zu asbesthaltigen Abfällen werden, die auf einer Deponie entsorgt werden müssen. Generell muss der Betreiber einer Aufbereitungsanlage, in denen RC-Baustoffe hergestellt werden, bei jeder Materialanlieferung eine Annahmekontrolle durchführen.

Recyclingbaustoffe setzen sich meistens aus verschiedenen Stoffgruppen zusammen, wie Beton, Ziegel, Fliesen und Keramik und anderen. Eigenschaften ausgewählter Stoffgruppen und Abfallschlüsselnummern gemäß Abfallverzeichnis-Verordnung[1], kurz AVV, sind im Folgenden dargestellt:

*AVV*

**Beton** (AVV 17 01 01): In der Regel beste Voraussetzungen für hochwertige Verwendungen des aufbereiteten Materials, z. B. im Straßenoberbau und Betonbau.

**Ziegel** (AVV 17 01 02): Verwendungsmöglichkeiten im Garten- und Landschaftsbau, nur anteilig verwendbar im Straßenoberbau und Betonbau. Vor allem Gipsputzanhaftungen können zu erhöhten Sulfatkonzentrationen im Eluat führen und die Nutzung als/im RC-Baustoff begrenzen.

**Fliesen und Keramik** (AVV 17 01 03): Mörtel-, Putz- oder andere Anhaftungen können ggf. die Nutzungsmöglichkeiten des aufbereiteten Recycling-Baustoffs erschweren.

---

[1] BGBl. (2001): Abfallverzeichnis-Verordnung vom 10.12.2001 (BGBl. I S. 3379), zuletzt geändert durch Art. 1 der Verordnung vom 30.06.2020 (BGBl. I S. 1533).

## 5 Verwendung von Recyclingbaustoffen

**M RC** Meistens bestehen Recyclingbaustoffe aus einem Gemisch, z. B. aus zwei oder mehr aufbereiteten Stoffgruppen, wie Beton, Ziegeln, Fliesen und Keramik (AVV 17 01 07), und weisen stark schwankende Qualitätseigenschaften auf, was bei der Verwendung berücksichtigt werden muss. Anteilige Anwendungsgebiete von RC-Stoffgruppen, die nach dem technischen Regelwerk der Forschungsgesellschaft für Straßen- und Verkehrswesen (FGSV) zulässig sind, werden im Merkblatt über den Einsatz von rezyklierten Baustoffen im Erd- und Straßenbau,[1] kurz M RC, dargestellt. Die heterogene Materialzusammensetzung hat einen großen Einfluss sowohl auf die bauphysikalischen Merkmale als auch auf die chemischen, insbesondere die umweltrelevanten Eigenschaften. Ausgangsstoffe, die Gips und Anhydrit enthalten, sind für die Herstellung von ungebundenen RC-Baustoffen nicht geeignet. Darum müssen zusätzlich zu den Anforderungen an die Eluat- und Feststoffwerte der Ersatzbaustoffverordnung die Anforderungen an die stoffliche Zusammensetzung von Recyclingbaustoffen beachtet werden.

---

[1] Forschungsgesellschaft für Straßen- und Verkehrswesen (2019): Merkblatt über den Einsatz von rezyklierten Baustoffen im Erd- und Straßenbau – M RC, FGSV Verlag, Köln.

> **!** Erhöhte Schwermetallgehalte im Feststoff von RC-Baustoffen können auch auf Anteile natürlicher Gesteinskörnungen zurückzuführen sein. Wenn diese geogenen Gehalte nicht zu erhöhter Auslaugung führen, stellen Überschreitungen der Überwachungswerte (Feststoff) kein Ausschlusskriterium für die weitere Verwendung als RC-Baustoff nach den Einbauregeln der Ersatzbaustoffverordnung dar.

Tabelle 2 gibt einen Überblick über die gemäß den Technischen Lieferbedingungen für Gesteinskörnungen im Straßenbau,[1] kurz TL Gestein-StB 04/23, zulässige stoffliche Zusammensetzung eines „gemischten" Recycling-Baustoffs für die Verwendung im Straßen- und Erdbau. Nicht verwendet werden dürfen bindige Böden, verwitterte und witterungsempfindliche Gesteine und ähnliche ungeeignete mineralische Massen. Für die Verwendung von RC-Baustoffen in Erdbaumaßnahmen gelten die Anforderungen an die stoffliche Zusammensetzung gemäß den Technische Lieferbedingungen für Bodenmaterialien und Baustoffe für den Erdbau im Straßenbau,[2] kurz TL BuB E-StB 20/23. Generell aus-

---

[1] Forschungsgesellschaft für Straßen- und Verkehrswesen (2023): Technische Lieferbedingungen für Gesteinskörnungen im Straßenbau – TL Gestein-StB, Ausgabe 2004/Fassung 2023, FGSV Verlag, Köln.

[2] Forschungsgesellschaft für Straßen- und Verkehrswesen (2023): Technische Lieferbedingungen für Bodenmaterialien und Baustoffe für den Erdbau im Straßenbau – TL BuB E-StB, Ausgabe 2020/Fassung 2023, FGSV Verlag, Köln.

# 5 Verwendung von Recyclingbaustoffen

geschlossen sind mit Straßenpech und mit pechhaltigen Bindemitteln gebundene Stoffe.

| Anforderungen an die stoffliche Zusammensetzung von Recyclingbaustoffen für die Verwendung im Straßen- und Erbau | | |
|---|---|---|
| Bestandteile im Anteil > 4 mm | Zulässige Anteile (M.-%) | |
| | TL Gestein-StB 04/23 Schichten ohne Bindemittel (Deck- und Tragschichten) | TL BuB E-StB 20/23 Erdbau |
| Kalksandstein, Klinker, Ziegel und Steinzeug | ≤ 30 | - |
| Mörtel und ähnliche Stoffe | ≤ 5 | - |
| Mineralische Leicht- und Dämmbaustoffe, nicht schwimmender Poren- und Bimsbeton | ≤ 1 | - |
| Bitumengebundene Baustoffe, z. B. Ausbauasphalt | ≤ 30 | ≤ 10 |
| Glas | ≤ 5 | - |
| Nicht schwimmende Fremdstoffe, z. B. Holz, Gummi, Kunststoffe, Textilien, Pappe, Papier | ≤ 0,2 | ≤ 0,2 |
| Gipshaltige Baustoffe | ≤ 0,5 | - |
| Eisen- und nichteisenhaltige Metalle | ≤ 2 | ≤ 2 |

Tab. 5-2: Anforderungen an die stoffliche Zusammensetzung von Recyclingbaustoffen für die Verwendung im Straßen- und Erbau (Quelle: Dohlen)

Für anteilige Anwendungsmöglichkeiten von einzelnen RC-Stoffgruppen, z. B. Beton, Boden und Steine, wird auf das FGSV-Merkblatt über den Einsatz von rezyklierten Baustoffen im Erd- und Straßenbau verwiesen und hier nicht weiter eingegangen. Weiterhin werden Straßenaufbruch und Bauabfälle auf Gipsbasis nicht behandelt.

*Güteüberwachung* Die kontinuierliche Qualitätssicherung und Güteüberwachung sind notwendig, weil sie die Konformität von hergestellten RC-Baustoffen entsprechend den geltenden bau- und umweltrechtlichen Regelwerken sicherstellen und eine ordnungsgemäße und schadlose Verwertung gemäß Gesetz zur Förderung der Kreislaufwirtschaft und Sicherung der umweltverträglichen Bewirtschaftung von Abfällen,[1] kurz Kreislaufwirtschaftsgesetz oder KrWG, gewährleisten. Sie erfolgen im Rahmen eines standardisierten Güteüberwachungssystems, z. B. gemäß den Festlegungen der Technischen Lieferbedingungen für Gesteinskörungen im Straßenbau,[2] der Technischen Lieferbedingungen für Baustoffgemische zur Herstellung von Schichten ohne Bindemittel im Straßenbau,[3] kurz TL G SoB-StB 20/23, oder der Technischen Lieferbedingungen für Baustoffe und Baustoffgemische für Tragschichten mit hydraulischen Bindemitteln und Fahrbahndecken aus Beton,[4] kurz TL Beton-StB 07. Die Güteüberwachung besteht aus dem Eignungsnachweis (Erstprüfung des Materials und Betriebsbeurteilung), der kontinuierlichen Überwachung durch den Hersteller (Werkseigene Produktionskontrolle, kurz WPK), den regelmäßigen Produktprüfungen durch eine anerkannte Prüfstelle (Fremdüberwachung) und der Eignungsbeurteilung. Zusätzlich können sich Produzenten von RC-Baustoffen freiwillig einem Quali-

---

[1] BGBl. (2012): Kreislaufwirtschaftsgesetz vom 24.02.2012 (BGBl. I S. 212), zuletzt geändert durch Art. 5 des Gesetzes vom 02.03.2023 (BGBl. 2023 I Nr. 56).

[2] Forschungsgesellschaft für Straßen- und Verkehrswesen (2023): Technische Lieferbedingungen für Gesteinskörnungen im Straßenbau – TL Gestein-StB, Ausgabe 2004/Fassung 2023, FGSV Verlag, Köln.

[3] Forschungsgesellschaft für Straßen- und Verkehrswesen (2023): Technische Lieferbedingungen für Baustoffgemische zur Herstellung von Schichten ohne Bindemittel im Straßenbau – Teil: Güteüberwachung – TL G SoB-StB, Ausgabe 2020/Fassung 2023, FGSV Verlag, Köln.

[4] Forschungsgesellschaft für Straßen- und Verkehrswesen (2008): Technische Lieferbedingungen für Baustoffe und Baustoffgemische für Tragschichten mit hydraulischen Bindemitteln und Fahrbahndecken aus Beton – TL Beton-StB, Ausgabe 2007, FGSV Verlag, Köln.

tätssicherungs- und Zertifizierungssystem im Rahmen einer anerkannten Gütegemeinschaft, zum Beispiel der QUBA – Qualitätssicherung Sekundärbaustoffe – anschließen. Vorteil ist, dass QUBA-zertifizierte Ersatzbaustoffe die Kriterien für das Ende der Abfalleigenschaft gem. § 5 KrWG „Abfallende" erfüllen. Die Ersatzbaustoffverordnung ist in der aktuellen Fassung von 2023 keine „Abfallende-Verordnung" im Sinne von § 5 Abs. 2 KrWG.

*Umweltbezogene als auch bautechnische Anforderungen*

Im Gegensatz zu Primärbaustoffen müssen RC-Baustoffe sowohl umweltbezogene als auch bautechnische Anforderungen erfüllen. Die Anforderungen an die Bautechnik, die Einbauart und -weise für den Straßen- und Erdbau sowie den Pflasterbau sind identisch mit denen für Primärbaustoffe. Für die Verwendung und die Güteüberwachung an Gesteinskörnungen im Straßen- und Erdbau gelten die FGSV-Regelwerke, z. B. Technische Lieferbedingungen (TL) und Zusätzliche Technische Vertragsbedingungen (ZTV), die i. d. R. von den Bundesländern als maßgebend anerkannt und übernommen werden (Tabelle 3). Änderungen sind bundeslandspezifisch möglich und können die nationalen Vorgaben spezifizieren. Für die umweltrelevanten Anforderungen in technischen Bauwerken gelten die bundeseinheitlichen Bestimmungen der Ersatzbaustoffverordnung. Weitere Anforderungen für RC-Baustoffe existieren für andere Verwendungen, z. B. für Vegetationsschichten.

# 5

Verwendung von Recyclingbaustoffen

| Übersicht zu aktuell geltenden Regelwerken für Anwendungsbereiche von RC-Baustoffen im Straßen- und Erdbau | |
|---|---|
| **Technische Lieferbedingungen** | **Zusätzliche Technische Vertragsbedingungen und Richtlinien** |
| Gesteinskörungen im Straßenbau – TL Gestein-StB 04/23 | - |
| Bauprodukte zur Herstellung von Pflasterdecken, Plattenbelägen und Einfassungen – TL Pflaster-StB 06/15 | Herstellung von Verkehrsflächen mit Pflasterdecken, Plattenbelägen sowie von Einfassungen – ZTV Pflaster-StB 20 |
| Baustoffgemische zur Herstellung von Schichten ohne Bindemittel im Straßenbau – TL SoB-StB 20 | Bau von Schichten ohne Bindemittel im Straßenbau – ZTV SoB-StB 20 |
| Baustoffgemische zur Herstellung von Schichten ohne Bindemittel im Straßenbau – Teil: Güteüberwachung – TL G SoB-StB 20/23 | - |
| Baustoffe und Baustoffgemische für Tragschichten mit hydraulischen Bindemitteln und Fahrbahndecken aus Beton – TL Beton-StB 07 | Bau von Tragschichten mit hydraulischen Bindemitteln und Fahrbahndecken aus Beton – ZTV Beton-StB 07 |
| Bodenmaterialien und Baustoffe für den Erdbau im Straßenbau – TL BuB E-StB 20/23 | Erdarbeiten im Straßenbau – ZTV E-StB 17 |
| Gesteinskörnungen, Baustoffe, Baustoffgemische und Bauprodukte für den Bau ländlicher Wege – TL LW 16 | Zusätzliche Technische Vertragsbedingungen und Richtlinien für den Bau ländlicher Wege – ZTV LW 16 |
| Gabionen im Straßenbau – TL Gab-StB 16/23 | - |

*Tab. 5-3: Die wichtigsten technischen Regelungen für RC-Baustoffe im Straßen- und Erdbau (Quelle: Dohlen)*

# 5

Verwendung von
Recyclingbaustoffen

## 5.1 RC-Baustoffe für die Verwendung im Straßen- und Erdbau

Der wichtigste Anwendungsbereich für die Verwendung von RC-Baustoffen mit rund 56,4 Mio. t ist der Straßen- und Erdbau.[1] RC-Baustoffe gehören damit zu den meistgenutzten Alternativen in diesen Anwendungen, neben natürlichen Baustoffen.

Für die Verwendung von RC-Baustoffen im klassifizierten Straßen- und Erdbau existiert ein dezidiertes Regelwerk. Mit Inkrafttreten der Ersatzbaustoffverordnung liegt eine Regelung für den Umgang mit RC-Baustoffen aus Sicht der Umweltverträglichkeit vor, sodass insgesamt ein bundeseinheitliches Regelwerk bestehend aus bau- und umwelttechnischen Anforderungen vorliegt.

*Bautechnische Anforderungen*

Die bautechnischen Anforderungen für die Verwendung im Straßenbau sind in den TL Gestein-StB 04/23 und für die Verwendung im Erdbau in den TL BuB E-StB 20/23 geregelt. Ferner müssen die Technischen Lieferbedingungen bzw. Zusätzlichen Technischen Vertragsbedingungen für den geplanten Einsatz berücksichtigt werden. Für die Verwendung in ungebundenen Schichten des Straßenoberbaus sind die TL SoB-StB 20 zu beachten. RC-Baustoffe können gemäß TL Beton-StB 07 in hydraulisch gebundenen Tragschichten, hydraulischen Tragschichtverfestigungen und Betontragschichten eingesetzt werden. Es gelten entsprechende Qualitätsanforderungen an RC-Typen und RC-Stoffgrup-

---

[1] Bundesverband Baustoffe – Steine und Erden e. V. (Hrsg.) (2023): Mineralische Bauabfälle Monitoring 2020. Bericht zum Aufkommen und zum Verbleib mineralischer Bauabfälle im Jahr 2020. Berlin.

pen; die entsprechenden Normen und Richtlinien für die Betonherstellung sind zu beachten. Die Verwendung von RC-Baustoffen in Asphalt- und Betondeckschichten ist stark eingeschränkt, sodass der Bereich der ungebundenen Bauweisen dominiert. RC-Baustoffe mit Zusammensetzung nach TL Gestein-StB 04/23 sind ausgeschlossen. Es gelten Ausnahmen für spezielle Qualitäten von RC-Typen und RC-Stoffgruppen, in Übereinstimmung mit dem Merkblatt über den Einsatz von rezyklierten Baustoffen im Erd- und Straßenbau. Die TL Pflaster-StB 06/15 regelt die Verwendung von RC-Baustoffen als Bettungsmaterial unter Pflaster bzw. Plattenbelägen.

*Umweltrelevante Vorgaben*

Für die Verwendung von RC-Baustoffen in technischen Bauwerken wird neben der Erfüllung der bautechnischen auch die der umweltrelevanten Vorgaben gefordert. In der Ersatzbaustoffverordnung wird die Verwendung von RC-Baustoffen verschiedener Materialklassen geregelt. Insgesamt existieren für RC-Baustoffe drei Materialklassen (RC-1, RC-2 und RC-3). Sie unterscheiden sich hinsichtlich der Anforderungen an die einzuhaltenden Materialwerte (Grenzwerte), woraus mögliche Einsatzbereiche resultieren. Während sich die Materialklassen RC-1 und RC-2 nur geringfügig unterscheiden, sind die Einsatzmöglichkeiten von RC-3 stärker eingeschränkt. Werden unter Beachtung der Toleranzen die Materialwerte von RC-3 überschritten, ist i. d. R. eine Verwendung als Baustoff nicht möglich. Außerdem gilt für die Verwendung von RC-3 außerhalb von Wasserschutz- und Heilquellenschutzgebieten ab einer Einbaumenge von 250 m$^3$ eine Anzeigepflicht bei der zuständigen Behörde. In allen anderen Fällen ist der Einbau von Recyclingbaustoffen mit Deckblatt und Lieferscheinen zu dokumentieren. Innerhalb von Wasserschutz- und Heilquellenschutzgebieten unterliegen Recyclingaubstoffe, unabhängig von Menge und Materialklasse, immer einer Anzeigepflicht.

> Gemäß Ersatzbaustoffverordnung ergeben sich in Abhängigkeit von den umweltrelevanten Prüfergebnissen, der Lage innerhalb oder außerhalb von Wasserschutzbereichen, dem Abstand zum höchsten zu erwartenden Grundwasserstand und der Bodenart der Grundwasserdeckschicht Einbaumöglichkeiten – unabhängig von der bautechnischen Eignung. Darum ist immer zu prüfen, ob der Baustoff, dessen Einsatz nach Ersatzbaustoffverordnung zulässig ist, auch die bautechnischen Anforderungen gemäß den Technischen Lieferbedingungen bzw. Zusätzlichen Technischen Vertragsbedingungen für den geplanten Einsatz einhält. Die Unterscheidung in RC-1 bis RC-3 trifft keine Aussage zu den bautechnischen Eigenschaften des RC-Baustoffs.

In der unten stehenden Tabelle sind für RC-Baustoffe der Materialklassen RC-1 bis RC-3 die unterschiedlichen Einbauweisen abhängig von der lokalen Konstellation der Grundwasserdeckschicht zusammengefasst. Um die Zuordnung der EBV-Vorgaben im Hinblick auf das FGSV-Regelwerk des klassifizierten Straßenbaus vorzunehmen, wurden die Einbautabellen gemäß den Richtlinien für die umweltverträgliche Anwendung von mineralischen Ersatzbaustoffen im Straßenbau,[1] kurz RuA-StB 23, herangezogen. Die Verwendung von RC-

---

[1] Forschungsgesellschaft für Straßen- und Verkehrswesen (2023): Richtlinien für die umweltverträgliche Anwendung von mineralischen Ersatzbaustoffen im Straßenbau – RuA-StB 23, Ausgabe 2023, FGSV-Verlag, Köln.

Baustoffen gemäß den Einbauweisen 1a bis c und 5a sind aufgrund von Einschränkungen im FGSV-Regelwerk nicht zulässig und darum in der Tabelle ausgegraut.

## 5.1 RC-Baustoffe für die Verwendung im Straßen- und Erdbau

**Recyclingbaustoffe (RC) der Klassen RC-1, RC-2 und RC-3 für die Verwendung im Straßenoberbau**

**Eigenschaft der Grundwasserdeckschicht**

| Einbauweise | außerhalb von Wasserschutzbereichen ungünstig (1) | außerhalb günstig Sand (2) | außerhalb günstig Lehm, Schluff, Ton (3) | WSG III A, HSG III Sand (4) | WSG III A, HSG III Lehm, Schluff, Ton | WSG III B, HSG IV Sand (5) | WSG III B, HSG IV Lehm, Schluff, Ton | Wasservorranggebiete Sand (6) | Wasservorranggebiete Lehm, Schluff, Ton |
|---|---|---|---|---|---|---|---|---|---|
| 1a Asphaltdecke | | | | | | | | | |
| 1b Asphalttragschicht | | | | | | | | | |
| 1c Betondecke | | | | | | | | | |
| 3a Betontragschicht unter gebundener Deckschicht | 1/2/3 | 1/2/3 | 1/2/3 | 1/2/3 | 1/2/3 | 1/2/3 | 1/2/3 | 1/2/3 | 1/2/3 |
| 3b Hydraulisch gebundene Tragschicht unter gebundener Deckschicht | 1/2/3 | 1/2/3 | 1/2/3 | 1/2/3 | 1/2/3 | 1/2/3 | 1/2/3 | 1/2/3 | 1/2/3 |
| 3c Verfestigung unter gebundener Deckschicht | 1/2/3 | 1/2/3 | 1/2/3 | 1/2/3 | 1/2/3 | 1/2/3 | 1/2/3 | 1/2/3 | 1/2/3 |
| 5a Wasserdurchlässige Asphalttragschicht unter Pflasterdecken und Plattenbelägen | | | | | | | | | |
| 5b Dränbetontragschicht unter Pflasterdecken und Plattenbelägen | 1/2/3 | 1/2/3 | 1/2/3 | 1/2/3B | 1/2/3B | 1/2/3 | 1/2/3 | 1/2/3 | 1/2/3 |
| 6a Bettung unter Pflasterdecken und Plattenbelägen mit abgedichteten Fugen | 1/2/3 | 1/2/3 | 1/2/3 | 1/2/3 | 1/2/3 | 1/2/3 | 1/2/3 | 1/2/3 | 1/2/3 |

# 5.1 RC-Baustoffe für die Verwendung im Straßen- und Erdbau

**Recyclingbaustoffe (RC) der Klassen RC-1, RC-2 und RC-3 für die Verwendung im Straßenoberbau**

Eigenschaft der Grundwasserdeckschicht

| Einbauweise | außerhalb von Wasserschutzbereichen | | | innerhalb von Wasserschutzbereichen – günstig | | | | | |
|---|---|---|---|---|---|---|---|---|---|
| | ungünstig | günstig | | WSG III A, HSG III | | WSG III B, HSG IV | | Wasservorranggebiete | |
| | | Sand | Lehm, Schluff, Ton | Sand | Lehm, Schluff, Ton | Sand | Lehm, Schluff, Ton | Sand | Lehm, Schluff, Ton |
| | **1** | **2** | **3** | **4** | | **5** | | **6** | |
| 6b Schottertragschicht unter Plasterdecken und Plattenbelägen mit abgedichteten Fugen | 1 / 2 / 3 | 1 / 2 / 3 | 1 / 2 / 3 | 1 / 2 / 3 | 1 / 2 / 3 | 1 / 2 / 3 | 1 / 2 / 3 | 1 / 2 / 3 | 1 / 2 / 3 |
| 6c Frostschutzschicht unter Plasterdecken und Plattenbelägen mit abgedichteten Fugen | — / 2 / 3 | 1 / 2 / 3 | 1 / 2 / 3 | 1 / 2 / 3 | 1 / 2 / 3 | 1 / 2 / 3 | 1 / 2 / 3 | 1 / 2 / 3 | 1 / 2 / 3 |
| 7a Schottertragschicht unter gebundener Deckschicht | 1 / 2 / 3B | 1 / 2 / 3B | 1 / 2 / 3B | 1 / 2 / 3B | 1 / 2 / 3B | 1 / 2 / 3B | 1 / 2 / 3B | 1 / 2 / 3B | 1 / 2 / 3B |
| 7b Einbauweise 7a in Straßen mit Entwässerungsrinnen und vollständiger Entwässerung über das Kanalnetz | 1 / 2 / 3 | 1 / 2 / 3 | 1 / 2 / 3 | 1 / 2 / 3 | 1 / 2 / 3 | 1 / 2 / 3 | 1 / 2 / 3 | 1 / 2 / 3 | 1 / 2 / 3 |
| 8a Frostschutzschicht unter gebundener Deckschicht | 1A[1] / 2B / 3B | 1 / 2 / 3B | 1 / 2 / 3B | 1A[1] / 2B / 3B | 1 / 2 / 3B | 1A[1] / 2B / 3B | 1 / 2 / 3B | 1 / 2 / 3B | 1 / 2 / 3B |
| 8b Einbauweise 8a in Straßen mit Entwässerungsrinnen und vollständiger Entwässerung über das Kanalnetz | 1 / 2 / 3 | 1 / 2 / 3 | 1 / 2 / 3B | 1 / 2 / 3 | 1 / 2 / 3B | 1 / 2 / 3 | 1 / 2 / 3B | 1 / 2 / 3 | 1 / 2 / 3 |

## 5.1 RC-Baustoffe für die Verwendung im Straßen- und Erdbau

Recyclingbaustoffe (RC) der Klassen RC-1, RC-2 und RC-3 für die Verwendung im Straßenoberbau

Eigenschaft der Grundwasserdeckschicht

| Einbauweise | außerhalb von Wasserschutzbereichen | | | innerhalb von Wasserschutzbereichen | | | | | |
|---|---|---|---|---|---|---|---|---|---|
| | ungünstig | günstig | | günstig | | | | Wasservorranggebiete | |
| | | | | WSG III A, HSG III | | WSG III B, HSG IV | | | |
| | | Sand | Lehm, Schluff, Ton | Sand | Lehm, Schluff, Ton | Sand | Lehm, Schluff, Ton | Sand | Lehm, Schluff, Ton |
| | 1 | 2 | 3 | 4 | | 5 | | 6 | |
| 11 Bettung von Pflasterdecken und Plattenbelägen | 1 / 2 / 3B | 1 / 2 / 3B | 1 / 2 / 3B | 1 / 2 / 3B | 1 / 2 / 3B | 1 / 2 / 3B | 1 / 2 / 3B | 1 / 2 / 3B | 1 / 2 / 3B |
| 12 Deckschicht ohne Bindemittel | 1 / 2B / 3B | 1 / $2A^5$ / 3B | 1 / $2A^5$ / 3B | 1 / $2A^5$ / 3B | 1 / $2A^5$ / 3B | 1 / $2A^5$ / 3B | 1 / $2A^5$ / 3B | 1 / $2A^5$ / 3B | 1 / $2A^5$ / 3B |
| 13a Schottertragschicht unter Deckschicht ohne Bindemittel | $1A^2$ / 2B / 3B | $1A^3$ / 2B / 3B | 1 / $2A^6$ / 3B | $1A^2$ / 2B / 3B | $1A^3$ / 2B / 3B | $1A^2$ / 2B / 3B | $1A^3$ / 2B / 3B | $1A^3$ / 2B / 3B | 1 / $2A^6$ / 3B |
| 13b Frostschutzschicht unter Deckschicht ohne Bindemittel | $1A^2$ / 2B / 3B | $1A^3$ / 2B / 3B | 1 / $2A^6$ / 3B | $1A^2$ / 2B / 3B | $1A^3$ / 2B / 3B | $1A^2$ / 2B / 3B | $1A^3$ / 2B / 3B | $1A^3$ / 2B / 3B | 1 / $2A^6$ / 3B |
| 14a Schottertragschicht unter Plattenbelägen | $1A^2$ / 2B / 3B | $1A^4$ / 2B / 3B | 1 / 2 / 3B | $1A^2$ / 2B / 3B | $1A^4$ / 2B / 3B | $1A^2$ / 2B / 3B | $1A^4$ / 2B / 3B | $1A^4$ / 2B / 3B | 1 / 2 / 3B |

# 5.1 RC-Baustoffe für die Verwendung im Straßen- und Erdbau

**Recyclingbaustoffe (RC) der Klassen RC-1, RC-2 und RC-3 für die Verwendung im Straßenoberbau**

Eigenschaft der Grundwasserdeckschicht

| Einbauweise | außerhalb von Wasserschutzbereichen | | | innerhalb von Wasserschutzbereichen | | | | | |
|---|---|---|---|---|---|---|---|---|---|
| | ungünstig | günstig | | WSG III A, HSG III | | WSG III B, HSG IV | | Wasservorranggebiete | |
| | | Sand | Lehm, Schluff, Ton | Sand | Lehm, Schluff, Ton | Sand | Lehm, Schluff, Ton | Sand | Lehm, Schluff, Ton |
| | 1 | 2 | 3 | 4 | | 5 | | 6 | |
| 14b Frostschutzschicht unter Plattenbelägen | 1A²<br>2B<br>3B | 1A⁴<br>2B<br>3B | 1<br>2<br>3B | 1A²<br>2B<br>3B | 1A⁴<br>2B<br>3B | 1A²<br>2B<br>3B | 1A⁴<br>2B<br>3B | 1A⁴<br>2B<br>3B | 1<br>2<br>3B |
| 15a Schottertragschicht unter Pflasterdecken | 1A²<br>2B<br>3B | 1<br>2A⁷<br>3B | 1<br>2<br>3B | 1A²<br>2B<br>3B | 1<br>2A⁷<br>3B | 1A²<br>2B<br>3B | 1<br>2A⁷<br>3B | 1<br>2A⁷<br>3B | 1<br>2<br>3B |
| 15b Frostschutzschicht unter Pflasterdecken | 1A²<br>2B<br>3R | 1<br>2A⁷<br>3R | 1<br>2<br>3B | 1A²<br>2B<br>3R | 1<br>2A⁷<br>3R | 1A²<br>2B<br>3R | 1<br>2A⁷<br>3R | 1<br>2A⁷<br>3B | 1<br>2<br>3B |

# 5.1 RC-Baustoffe für die Verwendung im Straßen- und Erdbau

| Einbauweise | Recyclingbaustoffe (RC) der Klassen RC-1, RC-2 und RC-3 für die Verwendung im Straßenoberbau | | | | | |
|---|---|---|---|---|---|---|
| | Eigenschaft der Grundwasserdeckschicht | | | | | |
| | außerhalb von Wasserschutzbereichen | | innerhalb von Wasserschutzbereichen | | | |
| | ungünstig | günstig | WSG III A, HSG III | | WSG III B, HSG IV | | Wasservorranggebiete | |
| | | Sand | Lehm, Schluff, Ton | Sand | Lehm, Schluff, Ton | Sand | Lehm, Schluff, Ton | Sand | Lehm, Schluff, Ton |
| | 1 | 2 | 3 | 4 | | 5 | | 6 | |

¹ = zulässig, wenn Chromges. ≤ 110 µg/l und PAK15 ≤ 2,3 µg/l
² = zulässig, wenn Chromges. ≤ 15 µg/l, Kupfer ≤ 30 µg/l, Vanadium ≤ 30 µg/l und PAK15 ≤ 0,3 µg/l
³ = zulässig, wenn Vanadium ≤ 55 µg/l und PAK15 ≤ 2,7 µg/l
⁴ = zulässig, wenn Vanadium ≤ 90 µg/l.
⁵ = nicht zugelassen auf Kinderspielflächen, in Wohngebieten oder Park- und Freizeitanlagen, es gelten die Begriffsbestimmungen gem. § 2 Nr. 18, 19, 20 BBodSchV
⁶ = zulässig, wenn Chromges. ≤ 280 µg/l, Vanadium ≤ 450 µg/l, Kupfer ≤ 170 µg/L und PAK15 ≤ 3,8 µg/l
⁷ = zulässig, wenn Chromges. ≤ 360 µg/l und Vanadium ≤ 180 µg/l

*Tab. 5.1-1: Die „1", „2" und „3" beschreiben die Materialklassen RC-1, RC-2 und RC-3. Die Verwendung im Straßenoberbau ist ohne Einschränkungen zulässig, wenn die Zahl einfach „1, 2 oder 3" ist. Wenn die Zahl „1, 2 oder 3" mit „A" versehen ist, also „1A, 2A oder 3A", sind die Fußnotenregelungen zu beachten, d. h., die Verwendung in dem entsprechenden Einsatzbereich ist nur unter zusätzlichen Bedingungen zulässig. Unterschieden werden Fußnoten mit zusätzlichen Konzentrationsuuerten und solchen mit sonstigen Beschränkungen oder zusätzlichen Anforderungen. Bei Zahlen, die mit „B" kombiniert werden, also „2B oder 3B", ist der Einbau nicht zulässig. (Quelle: Dohlen)*

# 5.1 RC-Baustoffe für die Verwendung im Straßen- und Erdbau

Diese Tabelle finden Sie auch zur besseren Ansicht als Download im DIN-A4-Format im Kapitel 1.5.

### 5.1.1 Straßenbau

*RStO 12,*

Die Herstellung des Straßenoberbaus ist in den Richtlinien für die Standardisierung des Oberbaus von Verkehrsflächen,[1] kurz RStO 12, geregelt.

Zum Straßenoberbau gehören Tragschichten mit und ohne Bindemittel sowie Pflaster- und Plattenbeläge. Für ungebundene Tragschichten sind die TL SoB-StB 20, für hydraulisch gebundene Schichten die TL Beton-StB 07 und für Pflaster- und Plattenbeläge die TL Pflaster-StB 06/15 maßgebend.

Bautechnisch relevante Anwendungen für RC-Baustoffe im Straßenbau sind:

- Tragschichten
  - Schichten ohne Bindemittel
    - Schicht aus frostunempfindlichem Material (SfM)
    - Frostschutzschicht (FSS)
    - Schottertragschicht (STS)
    - Selbsterhärtende Tragschicht (SET)

---

[1] Forschungsgesellschaft für Straßen- und Verkehrswesen (2012): Richtlinien für die Standardisierung des Oberbaus von Verkehrsflächen – RStO 12, Ausgabe 2012/Korrekturen 2020, FGSV Verlag, Köln.

# 5.1 RC-Baustoffe für die Verwendung im Straßen- und Erdbau

- Deckschicht ohne Bindemittel (DoB)
- Schichten mit hydraulischen Bindemitteln
  - Hydraulisch gebundene Tragschicht (HGT)
  - Verfestigung
- Anwendungen unter Pflaster- und Plattenbeläge
- Bettungsmaterial

*Abb. 5.1.1-1: Einbau einer Schottertragschicht (STS) aus RC-Material 0/45 mm (Quelle: Tielkes)*

*Verfestigungen*

Für Verfestigungen, hydraulisch gebundene Tragschichten und Betontragschichten können RC-Baustoffe für alle Belastungsklassen (Bk 0,3 bis Bk 100) eingesetzt werden. Neben den TL Gestein-StB 04/23 sind für den gebundenen Einsatz von Baustoffen im Straßenbau die TL Beton-StB 07 und die ZTV Beton-StB 07 zu berücksichtigen. Für Betontragschichten muss eine gesonderte Erstprüfung nach den Beton-Richtlinien (DIN EN 206[1] bzw. DIN 1045-2[2]) und eine Konfor-

---

[1] DIN (2021): DIN EN 206:2021-06 Beton – Festlegung, Eigenschaften, Herstellung und Konformität.
[2] DIN (2023): DIN 1045-2:2023-08 Tragwerke aus Beton, Stahlbeton und Spannbeton – Teil 2: Beton.

mitätsbeurteilung nach beiden Normen durchgeführt werden. Die normativen Anforderungen der DAfStb-Richtlinie Beton nach DIN EN 206-1 und DIN 1045-2 mit rezyklierten Gesteinskörnungen nach DIN EN 12620[1] schließen aktuell den Einsatz von RC-Baustoffen in Betondeckschichten aus. Nach TL Beton-StB 07 werden zur Verwendung von Beton in Fahrbahndecken Expositions- und Feuchtigkeitsklassen gefordert, die nicht im Rahmen der DAfStb-Richtlinie zugelassen sind. Gefordert wird u. a. die Expositionsklasse XF4, XM1 bzw. XM2 sowie die Feuchtigkeitsklassen WA und WS.

*Gesteinskörnung im Beton*

Für die Verwendung als Gesteinskörnung im Beton gilt die Ersatzbaustoffverordnung nur, wenn es sich um die Einbauweise 1 (Decke bitumen- oder hydraulisch gebunden, Tragschicht bitumengebunden), Einbauweise 3 (Tragschicht mit hydraulischen Bindemitteln unter gebundener Deckschicht) oder Einbauweise 5 (Asphalttragschicht [teilwasserdurchlässig] unter Pflasterdecken und Plattenbelägen, Tragschicht hydraulisch gebunden [Dränbeton] unter Pflaster und Platten) handelt. Ansonsten gelten die Anforderungen an bauliche Anlagen bezüglich der Auswirkungen auf Boden und Gewässer[2] (siehe Kapitel 1.5), kurz ABuG, Anhang 10 der Muster-Verwaltungsvorschrift Technische Baubestimmungen, bzw. DIN 4226-101[3] für Beton.

---

[1] Deutscher Ausschuss für Stahlbeton e. V. (2019): DAfStb-Richtlinie – Anforderungen an Ausgangsstoffe zur Herstellung von Beton nach DIN EN 206-1 in Verbindung mit DIN 1045-2.

[2] Deutsches Institut für Bautechnik (2023): Muster-Verwaltungsvorschrift Technische Baubestimmungen (MVV TB) – Anhang 10: Anforderungen an bauliche Anlagen bezüglich der Auswirkungen auf Boden und Gewässer (ABuG); Stand: April 2022.

[3] DIN (2017) DIN 4226-101:2017-08 Rezyklierte Gesteinskörnungen für Beton nach DIN EN 12620 – Teil 101: Typen und geregelte gefährliche Substanzen.

Für die Lieferung von Bauprodukten zur Herstellung von Pflasterdecken, Plattenbelägen und Einfassungen gelten die TL Pflaster-StB 06/15. Bettungsmaterial ist danach ein Baustoffgemisch ohne Bindemittel, das unter einem Pflaster- oder Plattenbelag eingebracht wird. Recyclingbaustoffe können laut TL Pflaster-StB 06/15 und dem FGSV-Merkblatt über den Einsatz von rezyklierten Baustoffen im Erd- und Straßenbau grundsätzlich als Fugen- und Bettungsmaterial eingesetzt werden. Bezüglich der Zusammensetzung gelten die stofflichen Vorgaben der TL Gestein-StB 04/23 bzw. des FGSV-Merkblatts über den Einsatz von rezyklierten Baustoffen im Erd- und Straßenbau. Die Art der zu verwendenden Baustoffgemische wird in den TL Pflaster-StB 06/15 definiert.

*Bauprodukte zur Herstellung von Pflasterdecken, Plattenbelägen und Einfassungen*

## 5.1.2 RC-Baustoffe für die Verwendung in spezifischen Bahnbauweisen

Die Verwendung von RC-Baustoffen in technischen Bauwerken der Deutschen Bahn AG unterliegt den besonderen Anforderungen des DB- Regelwerks. Für den Nachweis der Umweltverträglichkeit von RC-Baustoffen, z. B. für die Verwendungen als Planumsschutzschicht (PSS) oder Frostschutzschicht (FSS), gelten neben der Ersatzbaustoffverordnung die Anforderungen des DB-Regelwerks. Die in der Ersatzbaustoffverordnung genannten Bahnbauweisen beziehen sich auf die Richtlinie 836.4108[1] (siehe Kap. 1.5) der Deutschen Bahn AG.

---

[1] Deutsche Bahn AG (2020): Richtlinie 836.4108 – Bauweisen für den Einsatz mineralischer Ersatzbaustoffe, Stand 2020.

Eine Verwendung von RC-Baustoffen im Bereich von Privat- und Werksbahnen ist möglich, wenn die bautechnischen und umweltrelevanten Anforderungen erfüllt werden.

### 5.1.3 Wege- und Erdbau inkl. Deponiebau

Im Wege- und Erdbau existieren verschiedene Verwendungsmöglichkeiten für RC-Baustoffe. Einsatz und Einbau von RC-Baustoffen in bodenähnlichen Anwendungen (Erdbau) erfolgen nach den Vorgaben der TL BuB E-StB 20/23 und den ZTV E-StB 17 im Hinblick auf die bautechnischen Anforderungen. Die umweltrelevanten Merkmale regelt die Ersatzbaustoffverordnung. Auch in diesem Bereich ist zur Einhaltung der geforderten Eigenschaften eine Güteüberwachung durchzuführen. Bei der Verwendung von RC-Baustoffen als Deponieersatzbaustoff im Deponiebau gilt die Deponieverordnung (siehe Kap. 1.5).

*Deponieverordnung*

Bautechnisch relevante Anwendungen für RC-Baustoffe im Wege- und Erdbau sind:

- Erdbau
  - Unterbau
  - Dammschüttungen
  - Hinterfüllung und Überschüttung von Bauwerken
  - Lärm- und Sichtschutzwälle
  - Sickeranlagen und Filterschichten
  - Baugruben und Leitungsgräben
  - Deponieersatzbaustoff
  - Untergrund- bzw. Bodenverbesserung
  - Bankettbefestigung
  - zeitlich begrenzte Befestigung, Baustraße

In *Tabelle 5* sind für RC-Baustoffe der Materialklassen RC-1 bis RC-3 die unterschiedlichen Einbauweisen abhängig von der lokalen Konstellation der Grundwasserdeckschicht zusammengefasst. Um die Zuordnung der EBV-Vorgaben im Hinblick auf das FGSV-Regelwerk des klassifizierten Straßenbaus vorzunehmen, wurden die Einbautabellen gemäß den Richtlinien für die umweltverträgliche Anwendung von mineralischen Ersatzbaustoffen im Straßenbau, kurz RuA-StB 23, herangezogen.

# 5.1 RC-Baustoffe für die Verwendung im Straßen- und Erdbau

Recyclingbaustoffe (RC) der Klassen RC-1, RC-2 und RC-3 für die Verwendung im Erdbau — Eigenschaft der Grundwasserdeckschicht

| Einbauweise | | außerhalb von Wasserschutzbereichen | | | innerhalb von Wasserschutzbereichen | | | | | |
|---|---|---|---|---|---|---|---|---|---|---|
| | | ungünstig | günstig | | WSG III A, HSG III günstig | | WSG III B, HSG IV günstig | | Wasservorranggebiete | |
| | | | Sand | Lehm, Schluff, Ton | Sand | Lehm, Schluff, Ton | Sand | Lehm, Schluff, Ton | Sand | Lehm, Schluff, Ton |
| | | 1 | 2 | 3 | 4 | | 5 | | 6 | |
| 2 | Unterbau unter Fundamentoder Bodenplatten, Bodenverfestigung unter gebundener Deckschicht | 1<br>2<br>3 | 1<br>2<br>3 | 1<br>2<br>3 | 1<br>2<br>3 | 1<br>2<br>3 | 1<br>2<br>3 | 1<br>2<br>3 | 1<br>2<br>3 | 1<br>2<br>3 |
| 4 | Verfüllung von Baugruben und Leitungsgräben unter gebundener Deckschicht | 1A¹<br>2<br>3 | 1<br>2<br>3 | 1A¹<br>2A³<br>3B | 1<br>2A³<br>3B | 1A¹<br>2<br>3 | 1<br>2<br>3 | 1<br>2<br>3 | 1<br>2<br>3 | 1<br>2<br>3 |
| 8c | Bodenverbesserung und Unterbau bis 1 m ab Planum jeweils unter gebundener Deckschicht | 1A¹<br>2B<br>3B | 1<br>2<br>3B | 1<br>2<br>3B | 1A¹<br>2B<br>3B | 1<br>2<br>3B | 1A¹<br>2B<br>3B | 1<br>2<br>3B | 1<br>2<br>3B | 1<br>2<br>3B |
| 8d | Einbauweise 8c in Straßen mit Entwässerungsrinnen und vollständiger Entwässerung über das Kanalnetz | 1<br>2<br>3 | 1<br>2<br>3 | 1<br>2<br>3 | 1<br>2<br>3 | 1<br>2<br>3 | 1<br>2<br>3 | 1<br>2<br>3 | 1<br>2<br>3 | 1<br>2<br>3 |
| 9 | Dämme oder Schutzwälle gemäß Bauweisen A–D nach M TS E sowie Hinterfüllung von Bauwerken im Böschungsbereich in analoger Bauweise | 1<br>2<br>3 | 1<br>2<br>3 | 1<br>2<br>3 | 1<br>2<br>3B | 1<br>2<br>3B | 1<br>2<br>3B | 1<br>2<br>3 | 1<br>2<br>3 | 1<br>2<br>3 |
| 10 | Damm oder Schutzwälle gemäß Bauweise E nach M TS E | 1<br>2B<br>3B | 1<br>2<br>3B | 1<br>2<br>3B | 1<br>2B<br>3B | 1<br>2<br>3B | 1<br>2B<br>3B | 1<br>2<br>3B | 1<br>2<br>3B | 1<br>2<br>3B |

# 5.1 RC-Baustoffe für die Verwendung im Straßen- und Erdbau

Seite 17

**Recyclingbaustoffe (RC) der Klassen RC-1, RC-2 und RC-3 für die Verwendung im Erdbau**

**Eigenschaft der Grundwasserdeckschicht**

| | Einbauweise | außerhalb von Wasserschutzbereichen | | | innerhalb von Wasserschutzbereichen | | | | | | | |
|---|---|---|---|---|---|---|---|---|---|---|---|---|
| | | ungünstig | günstig | | WSG III A, HSG III | | WSG III B, HSG IV | | | Wasservorranggebiete | | |
| | | | Sand | Lehm, Schluff, Ton | Sand | Lehm, Schluff, Ton | Sand | Lehm, Schluff, Ton | | Sand | Lehm, Schluff, Ton | |
| | | 1 | 2 | 3 | 4 | | 5 | | | 6 | | |
| 13c | Bankett, Bodenbehandlung, Unterbau bis 1 m Dicke ab Planum sowie Verfüllung von Baugruben und Leitungsgräben unter Deckschicht ohne Bindemittel | 1A² 2B 3B | 1A³ 2B 3B | 1 2A⁴ 3B | 1A² 2B 3B | 1A³ 2B 3B | 1A² 2B 3B | 1A³ 2B 3B | | 1A³ 2B 3B | 1 2A⁴ 3B | |
| 14c | Bodenbehandlung, Unterbau bis 1 m Dicke ab Planum sowie Verfüllung von Baugruben und Leitungsgräben unter Plattenbelägen | 1A² 2B 3B | 1A⁴ 2B 3B | 1 2 3B | 1A² 2B 3B | 1A⁴ 2B 3B | 1A² 2B 3B | 1A⁴ 2B 3B | | 1A⁴ 2B 3B | 1 2 3B | |
| 15c | Bodenbehandlung, Unterbau bis 1 m Dicke ab Planum sowie Verfüllung von Baugruben und Leitungsgräben unter Pflasterdecken | 1A² 2B 3B | 1 2A⁵ 3B | 1 2 3B | 1A² 2B 3B | 1 2A⁵ 3B | 1A² 2B 3B | 1 2A⁵ 3B | | 1 2A⁵ 3B | 1 2 3B | |
| 16 | Hinterfüllung von Bauwerken außer Bauweise 9, Böschungsbereich von Dämmen unter durchwurzelbarer Bodenschicht außer Einbauweise 17 | 1A² 2B 3B | 1 2A⁶ 3B | 1 2 3B | 1A² 2B 3B | 1 2A⁶ 3B | 1A² 2B 3B | 1 2A⁶ 3B | | 1 2A⁶ 3B | 1 2 3B | |

# 5.1 RC-Baustoffe für die Verwendung im Straßen- und Erdbau

**Recyclingbaustoffe (RC) der Klassen RC-1, RC-2 und RC-3 für die Verwendung im Erdbau**

**Eigenschaft der Grundwasserdeckschicht**

| Einbauweise | außerhalb von Wasserschutzbereichen | | | innerhalb von Wasserschutzbereichen | | | | | |
|---|---|---|---|---|---|---|---|---|---|
| | ungünstig | günstig | | günstig | | | | Wasservorranggebiete | |
| | | Sand | Lehm, Schluff, Ton | WSG III A, HSG III | | WSG III B, HSG IV | | | |
| | | | | Sand | Lehm, Schluff, Ton | Sand | Lehm, Schluff, Ton | Sand | Lehm, Schluff, Ton |
| | 1 | 2 | 3 | 4 | | 5 | | 6 | |
| 17 Dämme und Schutzwälle unter durchwurzelbarer Bodenschicht | $1A^2$ / $2B$ / $3B$ | $1$ / $2A^7$ / $3B$ | $1$ / $2A^8$ / $3B$ | $1A^2$ / $2B$ / $3B$ | $1$ / $2A^7$ / $3B$ | $1A^2$ / $2B$ / $3B$ | $1$ / $2A^7$ / $3B$ | $1$ / $2A^7$ / $3B$ | $1$ / $2A^8$ / $3B$ |

1 = zulässig, wenn Chromges. $\leq$ 110 µg/l und PAK15 $\leq$ 2,3 µg/l
2 = zulässig, wenn Chromges. $\leq$ 15 µg/l, Kupfer $\leq$ 30 µg/l, Vanadium $\leq$ 30 µg/l und PAK15 $\leq$ 0,3 µg/l
3 = Die Verfüllung von Leitungsgräben ist nicht zulässig
4 = zulässig, wenn Chromges. $\leq$ 280 µg/l, Vanadium $\leq$ 450 µg/l, Kupfer $\leq$ 170 µg/l und PAK15 $\leq$ 3,8 µg/l
5 = zulässig, wenn Chromges. $\leq$ 360 µg/l und Vanadium $\leq$ 180 µg/l
6 = zulässig, wenn Vanadium $\leq$ 320 µg/l
7 = zulässig, wenn „M", d. h., bei Ausbildung der Bodenabdeckung als Dränschicht (Kapillarsperreneffekt) ohne weitere Spezifizierung und Vanadium $\leq$ 200 µg/l
8 = zulässig, wenn „M", d. h., bei Ausbildung der Bodenabdeckung als Dränschicht (Kapillarsperreneffekt) ohne weitere Spezifizierung

**5.1 RC-Baustoffe für die Verwendung im Straßen- und Erdbau**

*Zum Verständnis der Tabelle: Die 1, 2 und 3 beschreiben die Materialklassen RC-1 bis RC-3. Die Verwendung im Erdbau ist ohne Einschränkungen zulässig, wenn die Zahl „ohne Buchstaben" dargestellt ist. Wenn die Zahl 1, 2, oder 3 mit A versehen sind, also „1A, 2A, 3A" steht, sind die Fußnoten zu beachten, d. h., die Verwendung in dem entsprechenden Einsatzbereich ist nur unter zusätzlichen Bedingungen zulässig. Unterschieden werden Fußnoten mit zusätzlichen Konzentrationswerten und solchen mit sonstigen Beschränkungen zur Bauweise (M). Bei Zahlen mit einem „B", also „1B, 2B, 3B," ist der Einbau nicht zulässig. (Quelle: Dohlen)*

Diese Tabelle finden Sie auch zur besseren Ansicht als Download im DIN-A4-Format im Kapitel 1.5.

## 5.1.4 Land- und forstwirtschaftlicher Wegebau

Die Anforderungen für RC-Baustoffe zur Herstellung ländlicher Wege regeln die TL LW 16 und die ZTV LW 16[1]. Die Überarbeitungen der TL LW 16 und ZTV LW 16 laufen derzeit. Hinsichtlich der Umweltverträglichkeit von Baustoffen wird auf die Ersatzbaustoffverordnung verwiesen. Im landwirtschaftlichen und ländlichen Wegebau werden bevorzugt Deckschichten ohne Bindemittel, als abgestuftes Mineralgemisch, hergestellt. Geplant ist, dass zukünftig höhere Anforderungen an die stoffliche Zusammensetzung von RC-Baustoffen für Deckschichten ohne Bindemittel gestellt werden, d. h. eine Reduzierung der zulässigen Gehalte an Glas, Metall

*TL LW 16 und ZTV LW 16*

---

[1] Forschungsgesellschaft für Straßen- und Verkehrswesen (2023): Technische Lieferbedingungen für Gesteinskörnungen, Baustoffe, Baustoffgemische und Bauprodukte für den Bau Ländlicher Wege – TL LW, Ausgabe 2016/Fassung 2023, FGSV Verlag, Köln und Zusätzliche Technische Vertragsbedingungen und Richtlinien für den Bau Ländlicher Wege – ZTV LW 16, Ausgabe 2016/ 2023

und Fliesen/Keramik. Für Schichten aus frostunempfindlichem Material (SEM) und Frostschutzschichten (FSS) soll ein Größtkorn von 90 mm eingeführt werden und eine Schottertragschicht (STS) LW mit gegenüber den aktuellen TL SoB-StB 20 reduzierten Anforderungen.

Für den forstwirtschaftlichen Wegebau existiert kein bundeseinheitliches Regelwerk. Der Einsatz mineralischer Ersatzbaustoffe unterliegt ebenfalls den Regelungen der Ersatzbaustoffverordnung. Weitere Anforderungen an den Einbau von Recyclingbaustoffen können sich aus naturschutzrechtlichen Regelungen ergeben. Empfohlen wird, die Regelungen zur Qualitätssicherung für die Lieferung von RC-Baustoffen gemäß den TL LW 16 zugrunde zu legen.

### 5.1.5 Zufahrtswege für Windkraftanlagen

*TL LW 16 und TL BuB E-StB 20/23*

Der Ausbau von Windkraftanlagen wird in Deutschland weiter an Bedeutung gewinnen, wofür große Mengen an mineralischen Baustoffen zur Befestigung und für die Zuwegung zur Anlagenfläche benötigt werden. Den Einsatz von RC-Baustoffen regelt die Ersatzbaustoffverordnung (siehe Kap. 1.5). Bautechnische Anforderungen ergeben sich neben den TL LW 16 auch aus den TL BuB E-StB 20/23.

## 5.1.6 Parkplätze, Stellflächen, Rad- und Gehwege

Für Parkplätze und Stellflächen sowie für Rad- und Gehwege können RC-Baustoffe bspw. als Tragschichten unter Deckschichten ohne Bindemittel verwendet werden. Die umweltrelevanten Anforderungen an den Einbau von Recyclingbaustoffen regelt die Ersatzbaustoffverordnung.

## 5.1.7 Weitere Erdbaumaßnahmen

Weitere Anwendungsbereiche im Erdbau, bei denen RC-Baustoffe eingesetzt werden können, sind z. B. Verfüllungen von Baugruben, Rohr- und Leitungsgräben, Hinterfüllungen, Sicht- und Lärmschutzwälle sowie Dämme.

*Verfüllungen, Rohr- und Leitungsgräben, Sicht- und Lärmschutzwälle*

RC-Baustoffe, die für diese Anwendungsbereiche zum Einsatz kommen, müssen die bautechnischen Anforderungen mit spezifischen Ergänzungen, z. B. die stoffliche Zusammensetzung, einhalten. Hinsichtlich der umweltrelevanten Anforderungen wird auf die Ersatzbaustoffverordnung verwiesen. Allerdings muss bei der Verfüllung von Baugruben beachtet werden, dass sie nur dann als technisches Bauwerk gelten, wenn sie im Zusammenhang mit der Erstellung eines technischen Bauwerks oder eines Gebäudes erstellt werden und die Ver- oder Hinterfüllung den EBV-Einbauweisen 2, 4 oder 13 zuzuordnen sind. Wenn die Nachnutzung einer Fläche, innerhalb derer eine Baugrube verfüllt wird, landschaftsbaulich oder in ähnlicher Weise erfolgt, so richtet sich die Verfüllung nach den Anforderungen des Bodenschutzrechts.

## 5.1

RC-Baustoffe für die Verwendung im Straßen- und Erdbau

## 5.2 RC-Baustoffe für die Verwendung als Gesteinskörnung im Betonbau

Die Verwendung von Beton mit Recycling-Gesteinskörnung, sog. Recycling-Beton oder ressourcenschonender Beton, kurz RC-Beton bzw. R-Beton, gewinnt durch die zunehmenden Anforderungen an zirkuläres Bauen an Bedeutung. Zusätzlich wird die Verwendung von R-Beton durch entsprechende Ausschreibungs- und Vergabebedingungen öffentlicher Stellen, z. B. in Berlin, gefördert. Gesteinskörnungen aus RecyclingBaustoffen werden zunehmend auch in der Produktion von Betonfertigteilen eingesetzt. Generell muss R-Beton dieselben Anforderungen erfüllen wie konventioneller Beton aus natürlichen Gesteinskörnungen. Erschwert wird die Verwendung von RC-Baustoffen im Beton dadurch, dass die Aufbereitung von Materialien zu rezyklierten Gesteinskörnungen und der Überwachungsaufwand bei der Produktion von R-Beton deutlich größer ist als die Herstellung von Beton mit ausschließlich natürlicher Gesteinskörnung.

*R-Beton*

Im Betonbau können rezyklierte Gesteinskörnungen zur Herstellung von konstruktiven Betonen, wie der Einsatz in Bauwerksteilen und in Gebäuden des Hochbaus bis zur Druckfestigkeitsklasse C 30/37, verwendet werden. Allerdings ist die Herstellung von Leicht- und Spannbeton ausgeschlossen. Die Verwendung von RC-Baustoffen im gebundenen Straßenbau wurde bereits oben dargestellt.

*Bis zur Druckfestigkeitsklasse C 30/37*

## 5.2 RC-Baustoffe für die Verwendung als Gesteinskörnung im Betonbau

Für rezyklierte Gesteinskörnungen mit einer Kornrohdichte $\geq$ 1.500 kg/m$^3$ gelten in Deutschland DIN EN 12620[1] in Verbindung mit DIN 4226-101[2] und DIN 4226-102.[3] Generell gilt, dass Recycling-Gesteinskörnungen nur größer als 2,0 mm verwendet werden dürfen. Für Körnungen kleiner 2,0 mm muss Natursand verwendet werden. Abhängig von der geforderten Feuchteklasse und den Belastungsklassen können maximal 45 Vol.-% rezyklierte Gesteinskörnung – bezogen auf die Gesamtmenge der Gesteinskörnung – eingesetzt werden.

Die DIN 4226-101 unterteilt rezyklierte Gesteinskörnungen, die größer als 2,0 mm sind entsprechend ihrer Zusammensetzung in vier Typen. In Beton gemäß DIN EN 206-1 – ersetzt durch DIN EN 206[4] – und DIN 1045-2[5] dürfen nur Gesteinskörnungen der Typen 1 und 2 eingesetzt werden. Die DIN EN 12620 legt die bautechnischen Eigenschaften der rezyklierten Gesteinskörnungen zur Herstellung von konstruktiven Betonen im Hochbau fest. Eine Leistungserklärung und CE-Kennzeichnung

---

[1] DIN (2008): DIN EN 12620:2008-07 „Gesteinskörnungen für Beton".
[2] DIN (2017): DIN 4226-101:2017-08 „Rezyklierte Gesteinskörnungen für Beton nach DIN EN 12620 – Teil 101: Typen und geregelte gefährliche Substanzen".
[3] DIN (2017): DIN 4226-102:2017-08 „Rezyklierte Gesteinskörnungen für Beton nach DIN EN 12620 – Teil 102: Typprüfung und Werkseigene Produktionskontrolle".
[4] DIN (2021): DIN EN 206:2021-06 „Beton – Festlegung, Eigenschaften, Herstellung und Konformität".
[5] DIN (2023): DIN 1045-2:2023-08 „Tragwerke aus Beton, Stahlbeton und Spannbeton – Teil 2: Beton".

gemäß EU-Bauproduktenverordnung,[1] kurz BauPVO (siehe Kap. 1.5), mit Verweis auf DIN 4226-101 sind erforderlich. Die Verwendung und Herstellung für Beton mit RC-Gesteinskörnung sind in den DAfStb-Richtlinien Beton nach DIN EN 206-1 und DIN 1045-2 mit rezyklierten Gesteinskörnungen nach DIN EN 12620 und der ersten Berichtigung zu dieser Richtlinie geregelt.

Die Richtlinie unterscheidet hinsichtlich der zwei Typen von rezyklierten Gesteinskörnungen:

*Rezyklierte Gesteinskörnungen*

- **Typ 1:** Gesteinskörnung muss zu mindestens 90 M.-% aus Betonbruchstein oder Naturstein bestehen und darf maximal 10 M.-% Nebenbestandteile, z. B. Klinker, Ziegel und Steinzeug sowie Kalksandstein, enthalten. Weiter maximal 2 M.-% Putz, Mörtel und ähnliche Stoffe sowie mineralische Leicht- und Dämmbaustoffe, maximal 1 M.-% Asphalt und maximal 0,2 M.-% Fremdstoffe, wie Holz, Gummi, Kunststoffe, Papier und Pappe.

- **Typ 2:** Gesteinskörnung muss zu mindestens 70 M.-% aus Betonbruchstein oder Naturstein bestehen und darf maximal 30 M.-% Nebenbestandteile, z. B. Klinker, Ziegel und Steinzeug sowie Kalksandstein, enthalten. Weiter maximal 3 M.-% Putz, Mörtel und ähnliche Stoffe sowie mineralische Leicht- und Dämmbaustoffe, maximal 1 M.-% Asphalt und maximal 0,5 M.-% Fremdstoffe, wie Holz, Gummi, Kunststoffe, Papier und Pappe.

---

[1] Amtsblatt der EU (2011): Verordnung (EU) Nr. 305/2011 des Europäischen Parlaments und des Rates vom 09.03.2011 zur Festlegung harmonisierter Bedingungen für die Vermarktung von Bauprodukten und zur Aufhebung der Richtlinie 89/106/EWG des Rates. Nr. L 088 vom 04.04.2011, S. 0005–0043.

# 5.2 RC-Baustoffe für die Verwendung als Gesteinskörnung im Betonbau

| Zulässige Anteile rezyklierter Gesteinskörnungen ≥ 2,0 mm, bezogen auf die gesamte Gesteinskörnung (Vol.-%) gemäß DIN EN 206-1, DIN 1045-2 und Alkalirichtlinie ||||| 
|---|---|---|---|---|
| Anwendungsbereich |||| Kategorie der Gesteinskörnung |
| Beschreibung der Umgebung | Alkalirichtlinie | DIN EN 206-1/DIN 1045-2 || Typ 1 | Typ 2 |
| Beton, der nach dem Austrocknen während der Nutzung weitgehend trocken bleibt | WO (trocken) | Bewehrungskorrosion durch Karbonatisierung (Expositionsklasse XC1) || ≤ 45 | ≤ 35 |
| Beton, der während der Nutzung häufig oder längere Zeit feucht ist | WF (feucht) | kein Korrosions- oder Angriffsrisiko (Expositionsklasse X0) Bewehrungskorrosion durch Karbonatisierung (Expositionsklasse XC1 bis XC4) |||  |
| | | Betonkorrosion durch Frostangriff ohne Taumitteleinwirkung (Expositionsklasse XF1 und XF2) und in Beton mit hohem Wassereindringwiderstand || ≤ 35 | ≤ 25 |
| | | Betonkorrosion durch chemischen Angriff (Expositionsklasse XA1) || ≤ 25 | ≤ 25 |

*Tab. 5.2-1: Maximal zulässige Anteile rezyklierter Gesteinskörnungen (≥ 2,0 mm) in Abhängigkeit von den Feuchtigkeits- und Expositionsklassen zur Sicherstellung der Dauerhaftigkeit von Betonbauteilen (Quelle: Dohlen)*

Für Anwendungen von rezyklierten Gesteinskörnungen im R-Beton gilt Anhang 10 der Anforderungen an bauliche Anlagen bezüglich der Auswirkungen auf Boden und Gewässer (ABuG) (siehe Kap. 1.5) bzw. der Nachweis der Umweltverträglichkeit anhand von Höchstwerten der Eluat- und Feststoffparameter nach DIN 4226-101. Die Grenzwerte für die Verwendung von RC-Baustoffen für die R-Betonherstellung gemäß ABuG sind nicht mit den Materialwerten der Ersatzbaustoffverordnung zu vergleichen, weil die Elution der Materialien mit unterschiedlichen Untersuchungsverfahren erfolgt.

Weitere Typen für RC-Baustoffe für Schichten mit hydraulischen Bindemitteln im Straßenbau sind:

*Schichten mit hydraulischen Bindemitteln*

- **Typ 3:** Gesteinskörnung muss zu mindestens 20 M.-% aus Betonbruchstein oder Naturstein bestehen und darf maximal 80 M.-% Nebenbestandteile, z. B. Klinker, Ziegel und Steinzeug, sowie maximal 5 M.-% Kalksandstein enthalten. Weiter maximal 5 M.-% Putz, Mörtel und ähnliche Stoffe sowie mineralische Leicht- und Dämmbaustoffe, maximal 1 M.-% Asphalt und maximal 0,5 M.-% Fremdstoffe, wie Holz, Gummi, Kunststoffe, Papier und Pappe.

- **Typ 4:** Gesteinskörnung muss zu mindestens 80 M.-% aus Betonbruchstein oder Naturstein bestehen und darf maximal 80 M.-% Nebenbestandteile, z. B. Klinker, Ziegel und Steinzeug sowie Kalksandstein enthalten. Weiter maximal 20 M.-% Putz, Mörtel und ähnliche Stoffe sowie mineralische Leicht- und Dämmbaustoffe, maximal 20 M.-% Asphalt und maximal 1 M.-% Fremdstoffe, wie Holz, Gummi, Kunststoffe, Papier und Pappe.

Die Anforderungen der Ersatzbaustoffverordnung für die Verwendung von RC-Baustoffen als Gesteinskörnung im Beton gilt nur, wenn es sich um die EBV-Einbauweisen hydraulisch gebundener Deckschichten (Einbauweise Nr. 1), hydraulisch gebundener Tragschichten unter gebundenen Deckschichten (Einbauweise Nr. 3) und hydraulisch gebundener Tragschichten unter Pflaster oder Plattenbelägen (Einbauweise Nr. 5) handelt. Ansonsten gelten die bauaufsichtlichen Anforderungen für die Verwendung hydraulisch gebundener Gemische.

# 5.2

RC-Baustoffe für die Verwendung als Gesteinskörnung im Betonbau

## 5.3 Weitere Verwendungsmöglichkeiten für RC-Baustoffe

Neben den Hauptanwendungsbereichen im Straßen- und Erdbau lassen sich RC-Baustoffe auch für weitere Anwendungen ressourcenschonend nutzen. Dazu zählen neben dem Garten- und Landschaftsbau die Vegetationstechnik und der Bereich der Bauprodukte- und Bauteilherstellung. Ebenfalls ist die Verwendung von RC-Baustoffen für die Verwendung als Gabionenfüllmaterial möglich.

### 5.3.1 Vegetationstechnik

Neben den Einsatzmöglichkeiten, die im Kapitel „Straßen- und Erdbau" vorgestellt wurden, lassen sich RC-Baustoffe auch bei nachgewiesener Eignung als Substrat für Pflanzen („Vegetationsbaustoffe") verwenden. Diese „künstlichen" Vegetationsbaustoffe bestehen aus bodenkundlicher Sicht meistens aus sog. technogenen Substraten.[1]

Für den Bereich der Vegetationsschichten ergeben sich folgende Anwendungsgebiete gemäß FGSV-Merkblatt über den Einsatz von rezyklierten Baustoffen im Erd- und Straßenbau, wobei die stoffliche Zusammensetzung (siehe Tabelle 5.3.1-1) zu beachten ist:

- begrünbarer Belag aus Pflaster und Platten

---

[1] Steinweg, B./Makowsky, L. und M. Dohlen (2022): Die technogenen Substrate in der Ersatzbaustoffverordnung. Entstehung – Eigenschaften – Erkennungsmerkmale. Bodenschutz 2022 (4). S. 108–115.

## 5.3
**Weitere Verwendungsmöglichkeiten für RC-Baustoffe**

- Schotterrasen/Bankettbefestigung (begrünt)
- Vegetationstragschicht für Baumpflanzungen

Weitere Anwendungsmöglichkeiten für RC-Baustoffe als Vegetationsbaustoffe sind z. B. als Grünbrückensubstrat, Dachsubstrat, Drainagebaustoff mit Wasserspeicherfunktion, vegetationstechnischer Dämmbaustoff oder zur Bodenverbesserung.

Sortenrein aufbereiteter Ziegel (Ziegelbruch) aus aufbereiteten Tonziegeln ohne losen oder anhaftenden Mörtel oder Beton ist ein Rohstoff für Vegetationsbaustoffe zur Verwendung als Ausgangsstoff für Kultursubstrate. Gemäß DüMV[1] die für Bodenhilfsstoffe, Kultursubstrate oder Pflanzenhilfsmittel als Hauptbestandteil zulässigen Ausgangsstoffe.

---

[1] Düngemittelverordnung vom 5. Dezember 2012 (BGBl. I S. 2482), zuletzt geändert durch Artikel 1 der Verordnung vom 2.10.2019 (BGBl. I S. 1414).

# 5.3
Weitere Verwendungsmöglichkeiten für RC-Baustoffe

| Anforderungen an die stoffliche Zusammensetzung von Recyclingbaustoffen für Vegetationsschichten ||
|---|---|
| **Bestandteile im Anteil > 4,0 mm** | **Zulässige Anteile (M.-%)** |
| Beton und andere hydraulisch gebundene Stoffe | $\leq 10$ |
| Klinker, Ziegel und Steinzeug | $\geq 80$ |
| Kalksandstein | $\leq 5$ |
| Putz, Mörtel und ähnliche Stoffe | $\leq 5$ |
| Mineralische Leicht- und Dämmbaustoffe, nicht schwimmender Poren- und Bimsbeton | |
| Bitumengebundene Baustoffe, z. B. Asphalt | $\leq 1$ |
| Glas | $\leq 1$ |
| Nicht schwimmende Fremdstoffe, z. B. Holz, Gummi, Kunststoffe, Textilien, Pappe, Papier | $\leq 0,2$ |
| Gipshaltige Baustoffe | $\leq 0,5$ |
| Eisen- und nichteisenhaltige Metalle | $\leq 1$ |

*Tab. 5.3.1-1: Anforderungen an die stoffliche Zusammensetzung von Recyclingbaustoffen für Vegetationsschichten gemäß M RC (Merkblatt über den Einsatz von rezyklierten Baustoffen im Erd- und Straßenbau) (Quelle: Dohlen)*

> **!** In der Ersatzbaustoffverordnung sind durchwurzelbare Schichten im Garten- und Landschaftsbau nicht geregelt. Im Bereich der Vegetationstechnik gibt es mehrere Bauweisen ohne Bodenanschluss, z. B. bei Grünbrücken oder Dachbegrünungen, die damit die Definition für ein technisches Bauwerk gemäß Ersatzbaustoffverordnung nicht erfüllen.

## 5.3 Weitere Verwendungsmöglichkeiten für RC-Baustoffe

*FLL*

Die Anforderungen an begrünbare Flächenbefestigungen, Pflanzsubstrate und Bauweisen sind in den Richtlinien für Planung, Bau und Instandhaltung von begrünbaren Flächenbefestigungen[1] und in den Empfehlungen für Baumpflanzungen - Teil 2[2] der Forschungsgesellschaft Landschaftsentwicklung Landschaftsbau (FLL) enthalten. Die an Pflanzsubstrate gestellten bautechnischen und chemischen Anforderungen sind im FLL-Regelwerk in Voruntersuchungen, Eignungsprüfungen, Eigenüberwachungsprüfungen und Kontrollprüfungen dargestellt.

RC-Baustoffe sind auch zur Herstellung von Schotterrasen, einer Kombination aus Schotter- bzw. Splittgemisch und Pflanzeneinsaat als Alternative für Pflasterflächen, geeignet. Die steinige Unterschicht erlaubt eine stärkere Belastbarkeit, z. B. für Parkstreifen oder Feuerwehrzufahren.

*Dach- und Bauwerksbegrünungen*

Für Dach- und Bauwerksbegrünungen lassen sich RC-Baustoffe als mineralische Schüttstoffe für Vegetationssubstrate verwenden. Die bautechnischen Anforderungen sind der FLL-Richtlinie für Planung, Bau und Instandhaltung von Dachbegrünungen – Dachbegrünungsrichtlinie[3] zu entnehmen. Im Vergleich zu anderen Bauweisen fehlt der Bodenanschluss. Hinsicht-

---

[1] Forschungsgesellschaft Landschaftsentwicklung Landschaftsbau (FLL) (2018): Richtlinien für Planung, Bau und Instandhaltung von begrünbaren Flächenbefestigungen. Bonn.

[2] Forschungsgesellschaft Landschaftsentwicklung Landschaftsbau (FLL) (2010): Empfehlungen für Baumpflanzungen – Teil 2: Standortvorbereitungen für Neupflanzungen; Pflanzgruben und Wurzelraumerweiterung, Bauweisen und Substrate. Bonn.

[3] Forschungsgesellschaft Landschaftsentwicklung Landschaftsbau (FLL) (2018): Dachbegrünungsrichtlinien – Richtlinien für die Planung, Bau und Instandhaltungen von Dachbegrünungen. Bonn.

lich der Umweltverträglichkeit der eingesetzten Stoffe sind die Verordnungen und Gesetze des Bundes und der Länder sowie örtliche Regelungen der Länder zu beachten. Nach dem Düngegesetz,[1] kurz DüngG, und der Verordnung über das Inverkehrbringen von Düngemitteln, Bodenhilfsstoffen, Kultursubstraten und Pflanzenhilfsmitteln,[2] kurz Düngemittelverordnung oder DüMV, sind Substrate für Dachbegrünungen als Kultursubstrate einzustufen.

*Kultursubstrate sind gemäß Düngegesetz Stoffe, die dazu bestimmt sind, Nutzpflanzen als Wurzelraum zu dienen und die dazu in Böden eingebracht, auf Böden aufgebracht oder in bodenunabhängigen Anwendungen genutzt werden.*

Andere Regelwerke, wie Bundes-Bodenschutz- und Altlastenverordnung, sind für die Beurteilung der Umweltverträglichkeit von Substraten ohne Bodenanschluss nicht geeignet, da deren Geltungsbereich nicht im Bereich der Vegetationstechnik liegt, sondern sie vielmehr das Auf- und Einbringen von Material auf oder in den Boden regeln, um schädliche Bodenveränderungen auszuschließen. Bei Bauweisen mit einem Bodenanschluss greift die Bundes-Bodenschutz- und Altlastenverordnung, weil sie das Auf- oder Einbringen von Materialien auf oder in den Boden, insbesondere im Rahmen der Rekultivierung, der Wiedernutzbarmachung, des Landschaftsbaus, der landwirtschaftlichen

---

[1] BGBl. (2009) Düngegesetz vom 09.01.2009 (BGBl. I S. 54; 136), zuletzt geändert durch Art. 2 Abs. 13 des Gesetzes vom 20.12.2022 (BGBl. I S. 2752).
[2] BGBl. (2012): Düngemittelverordnung vom 05.12.2012 (BGBl. I S. 2482), zuletzt geändert durch Art. 1 der Verordnung vom 02.10.2019 (BGBl. I S. 1414).

## 5.3 Weitere Verwendungsmöglichkeiten für RC-Baustoffe

und gartenbaulichen Folgenutzung und der Herstellung einer durchwurzelbaren Bodenschicht insbesondere auf technischen Bauwerken im Sinne der Ersatzbaustoffverordnung und auf Deichen auf der Grundlage von Vorsorgewerten regelt. In den FLL-Richtlinien für Planung, Bau und Instandhaltung von begrünbaren Flächenbefestigungen bezieht man sich auf die Verordnung über die Anwendung von Düngemitteln, Bodenhilfsstoffen, Kultursubstraten und Pflanzenhilfsmitteln nach den Grundsätzen der guten fachlichen Praxis beim Düngen,[1] kurz Düngeverordnung oder DüV, die ggf. durch Gesetze und Verordnungen der Länder ergänzt wird.

### 5.3.2 Bauprodukte

Die Verwendung von Recycling-Gesteinskörnungen auch in Baustoffprodukten ist technisch vielfach möglich und senkt dadurch den Bedarf an Primärrohstoffen. Wenn Recyclingbaustoffe in der Herstellung neuer Produkte eingesetzt werden sollen, gelten neben den Regelungen des Abfallrechts ergänzend u. a. auch die Regelungen des Produkt-, des Chemikalien- und des Baurechts. Die grundsätzlichen Anforderungen sind u. a. in der Muster-Verwaltungsvorschrift Technische Baubestimmungen vom Deutschen Institut für Bautechnik niedergelegt. Während der Einsatz von Recycling-Körnungen im Beton durch umweltrechtliche, bauaufsichtliche und normative Regelungen vollständig geregelt ist, bestehen entsprechende Regelungen für andere Stoffgruppen, bspw. Ziegel, Kalksandstein oder Porenbeton,

*Regelungen des Produkt-, des Chemikalien- und des Baurechts*

---

[1] BGBl. (2017): Düngeverordnung vom 26.05.2017 (BGBl. I S. 1305), zuletzt geändert durch Art. 97 des Gesetzes vom 10.08.2021 (BGBl. I S. 3436).

und Verwendungswege im Produktbereich bisher nur eingeschränkt oder noch gar nicht. Darum bedarf es neben Forschungs- und Entwicklungsarbeit entsprechender rechtlicher Regelungen und ergänzender Normen, um den Einsatz von Recyclingbaustoffen in der Herstellung neuer Bauprodukte zu unterstützen. Vor diesem Hintergrund hat die EU-Kommission im Rahmen eines Entwurfs zur Revision der Bauprodukte-Verordnung bereits berücksichtigt, sog. gebrauchte Produkte in den Geltungsbereich der Verordnung einzubeziehen.

Die Qualität und Wirtschaftlichkeit der erzeugten Bauprodukte aus Recyclingbaustoffen hängen v. a. von den Ausgangsmaterialien, d. h. den mineralische Bau- und Abbruchabfällen, sowie der eingesetzten Aufbereitungstechnologie ab. Für qualitativ hochwertige Anwendungen sind eine sehr gute Trennung und Sortierung der unterschiedlichen mineralischen Bestandteile erforderlich, um eine gleichbleibende Qualität zu gewährleisten. Verwendungsmöglichkeiten können bspw. in der Herstellung von Leichtbetonsteinen oder von Ziegelsteinen liegen. Einsatzmöglichkeiten im Bereich der Zement- und Bindemittelherstellung sowie der Produktion von Beton, leichten Gesteinskörnungen und Mauersteinen ergeben sich für die im Recyclingprozess entstehenden Brechsande. Besonders interessant sind sortenreine Betonabfälle, die der Zement- und Betonindustrie zur Verfügung gestellt werden könnten, um wieder in den entsprechenden Herstellungsprozessen eingesetzt zu werden. Hier besteht auch zusätzlich die Möglichkeit zu Einsparung von klimarelevanten Emissionen.

*Herstellung von Leichtbetonsteinen oder von Ziegelsteinen*

### 5.3.3 Gabionenfüllmaterial

Eine Gabione ist ein gefüllter Drahtgitterkorb, der aus einem Bodenpaneel, Seitenpaneelen, Deckel und innen liegenden Zwischenwänden und/oder Aussteifungen besteht. Gabionen werden häufig im Garten- und Landschaftsbau, Wasserbau sowie im Straßen- und Wegebau, z. B. zur Errichtung von Sicht- oder Lärmschutzanlagen, als Stützmauer oder zur Böschungsbefestigung als Alternative zu Beton- und Steinmauern eingesetzt.

Für die Verwendung im Straßenbau muss die Gabione mit Materialien definierter Größe befüllt werden, die den bautechnischen Anforderungen der **Technischen Lieferbedingungen für Gabionen im Straßenbau,**[1] kurz TL Gab-StB 16/23, entsprechen. RC-Baustoffe können als Füllmaterial verwendet werden, wenn sie aus sortenreinem Beton hergestellt sind. Sortenrein bedeutet, dass der RC-Baustoff zu mindestens 97 M.-% aus der Stoffgruppe Beton besteht und maximal 0,2 M.-% Störstoffe enthält. Neben der bautechnischen Eignung muss das Befüllmaterial die umweltrelevanten Merkmale gemäß TL Gestein 04/23 einhalten.

---

[1] Forschungsgesellschaft für Straßen- und Verkehrswesen (2016): Technische Lieferbedingungen für Gabionen im Straßenbau – TL Gab StB, Ausgabe 2016/Fassung 2023, FGSV Verlag, Köln.

## 5.4 Rückbau und Wiederverwendung

*Voruntersuchung der verwendeten Baustoffe*

Tritt ein technisches Bauwerk oder Gebäude in die letzte Phase seines Lebenszyklus, wäre es aus der Sicht einer funktionierenden Kreislaufwirtschaft wichtig, wenn schon vor dem Rückbau feststeht, wie die Wiederverwendung der mineralischen Abfälle zu neuen zirkulären Baustoffen aussehen soll. Eine Voruntersuchung der verwendeten Baustoffe erleichtert es, dem abfallwirtschaftlichen Getrenntsammlungsgebot zu genügen und Stoffflüsse für unterschiedliche Anwendungsbereiche frühzeitig zu planen, was Entsorgungskosten reduzieren kann. Insbesondere geringfügige asbesthaltige Bestandteile im Bauschutt können zukünftig dazu führen, dass diese Materialien deponiert werden müssen. Darum sind die Vorerkundung und ggf. die Separierung asbesthaltiger Bestandteile bereits beim Rückbau wichtig, um Recyclingbaustoffe am Ende des Aufbereitungsprozesses als asbestfrei einstufen und deklarieren zu können.

*Gebäuderessourcenpass*

Sinnvoll ist, wenn bereits bei der Neubauplanung gleichzeitig Konzepte zum Rückbau eines Bauwerks und die mögliche Wiederverwendbarkeit oder Kreislauffähigkeit der verwendeten Baustoffe im Second Life mitberücksichtigt und dokumentiert werden. Dokumentiert werden können z. B. Informationen zu den Eigenschaften und der Kreislauffähigkeit der eingesetzten Materialien. Für Ersatzbaustoffe kann später das in der Ersatzbaustoffverordnung verankerte Kataster bei Rückbaumaßnahmen herangezogen werden. Im Hochbau stehen weitere digitale Möglichkeiten zur Verfügung, wie z. B. der Gebäuderessourcenpass der Deutschen Gesellschaft für Nachhaltiges Bauen e. V. Neben der Einsparung von primären Rohstoffen kann die Rückbaufreundlichkeit beim Verkauf eines Bauwerks ein zusätzliches Kaufargument sein.

Beim Rückbau von technischen Bauwerken spielt die getrennte Sammlung und Zuordnung von mineralischen Bau- und Abbruchabfällen und verwendeten mineralischen Ersatzbaustoffen eine wichtige Rolle. In der Ersatzbaustoffverordnung ist geregelt, dass Erzeuger und Besitzer von mineralischen Ersatzbaustoffen und Gemischen, die als Abfälle bei Rückbau, Sanierung oder Reparatur technischer Bauwerke anfallen, untereinander und von Abfällen aus Primärbaustoffen getrennt zu sammeln, zu befördern und nach Maßgabe des Kreislaufwirtschaftsgesetzes vorrangig der Vorbereitung zur Wiederverwendung oder dem Recycling zuzuführen sind.

*Beachtung der Ersatzbaustoffverordnung hat Vorrang beim Rückbau von technischen Bauwerken*

Damit hat die Beachtung der Ersatzbaustoffverordnung Vorrang beim Rückbau von technischen Bauwerken. Für Recyclingbaustoffe gilt, dass sie mit gleichartigen Abfallfraktionen aus Primärbaustoffen gesammelt und befördert werden können. Soweit diese Abfälle für den Einbau in technische Bauwerke vorgesehen, jedoch nicht unmittelbar hierfür geeignet sind, haben die Erzeuger und Besitzer diese Materialien einer geeigneten Aufbereitungsanlage zuzuführen.

Eine erneute Verwendung der getrennt gesammelten mineralischen Ersatzbaustoffe in einem technischen Bauwerk ist möglich, wenn diese nach der Art des mineralischen Ersatzbaustoffs und seiner Materialklasse eindeutig bestimmt wurden. Ist eine getrennte Sammlung der jeweiligen Abfallfraktion technisch nicht möglich oder wirtschaftlich nicht zumutbar, entfallen die oben genannten Pflichten. Die getrennte Sammlung ist dann wirtschaftlich nicht zumutbar, wenn die Kosten für die getrennte Sammlung, insbesondere aufgrund einer hohen Verschmutzung oder einer sehr geringen Menge der jeweiligen Abfallfraktion, nicht im Verhältnis zu den Kosten für eine gemischte Sammlung stehen. Kosten, die durch technisch mögliche und wirtschaftlich zumutbare Maßnahmen des selektiven Rückbaus hätten vermieden werden können, sind bei der Prüfung der wirtschaftlichen Zumutbarkeit nicht zu berücksichtigen. Für technisch nicht trennbare mineralische Ausbaustoffe enthält die Ersatzbaustoffverordnung keine Festlegungen. Deshalb kann eine Verwendung dieser technisch nicht trennbaren Gemische in technischen Bauwerken, soweit diese im Anwendungsbereich der Ersatzbaustoffverordnung liegen, nur mit einer behördlichen Zulassung im Einzelfall erfolgen.

> Beim Rückbau von technischen Bauwerken sollten immer auch eine Bestimmung des mineralischen Ersatzbaustoffs und eine Überprüfung der Materialqualität erfolgen. Hintergrund ist, dass auch bei in der Ersatzbaustoffverordnung geregelten mineralischen Ersatzbaustoffen sich über die Verwendungszeit des Baustoffs hinweg das Potenzial eluierbarer Schadstoffe verändert haben kann.

## Zusammenfassung

Im vorliegenden Text wurden unterschiedliche Verwendungsmöglichkeiten für Recyclingbaustoffe dargestellt. Für die Verwendung von RC-Baustoffen wird sowohl die Erfüllung der bautechnischen als auch der umweltrelevanten Vorgaben gefordert.

## 5.4 Rückbau und Wiederverwendung

Im Hinblick auf die technischen Einsatzmöglichkeiten von Recyclingbaustoffen lässt sich festhalten, dass die Verwendung von RC-Baustoffen im ungebundenen Straßenoberbau analog zu natürlichen Baustoffen ist. In gebundenen Schichten des Straßenbaus ist die Nutzung von Recyclingbaustoffen aufgrund des technischen FGSV-Regelwerks eingeschränkt, die Verwendung in Asphaltdeck-/Asphaltbinder- und Asphalttrag(deck)-schichten sowie in Betondeckschichten ist unzulässig. Im Erdbau ist der Einsatz von Recyclingbaustoffen fast uneingeschränkt möglich. Besondere Anforderungen bestehen bei der Verwendung in Filter- und Sickerschichten.

Mit dem Inkrafttreten der bundeseinheitlichen Ersatzbaustoffverordnung am 01.08.2023 ist diese für die umweltrelevanten Anforderungen in technischen Bauwerken maßgebend. Bei Einhaltung der Vorgaben bedarf es keiner wasserrechtlichen Erlaubnis. Gemäß Ersatzbaustoffverordnung bestehen die umfangreichsten Anwendungsmöglichkeiten für Recyclingbaustoffe außerhalb von Wasser- und Heilquellenschutzgebieten bei einer Mächtigkeit der Grundwasserdeckschicht inklusive eines Sicherheitsabstands von $\geq 1,5$ m. Die Anwendungsmöglichkeiten für die Materialklassen RC-1 und RC-2 unterscheiden sich nur geringfügig voneinander. Die Verwendungsmöglichkeiten der Materialklasse RC-3 sind im Vergleich dazu stark eingeschränkt. Generell ist davon auszugehen, dass sich im Markt die beiden besseren RC-Qualitäten durchsetzen.

Eine hochwertige Verwendung von RC-Baustoffen ist auch als Gesteinskörnung im R-Beton möglich, der in vielen Anwendungsfällen gleichwertig zu konventionellem Beton ist und im Hochbau und Wohnungsbau zum Einsatz kommt. Vorteilhaft ist die Verwendung von

R-Beton auch bei der Nachhaltigkeitszertifizierung von Gebäuden.

Weitere Anwendungsbereiche für Recyclingbaustoffe sind die Vegetationstechnik und die Verwendung bei definierter Zusammensetzung in der Baustoffindustrie zur Herstellung neuer Produkte mit reduziertem Anteil natürlicher Gesteinskörnungen.

Durch eine verpflichtende Gütesicherung, d. h. eine kontinuierliche Überwachung der bautechnischen und umweltverträglichen Eignung, ist eine wichtige Voraussetzung geschaffen, um die Akzeptanz von Recyclingbaustoffen zu verbessern und die notwendige Sicherheit bei der Verwendung zu gewährleisten. Recyclingbaustoffe können im Rahmen von freiwilligen Qualitätssicherungssystemen das Abfallende erreichen.

Insgesamt trägt die Verwendung von Recyclingbaustoffen und anderen mineralischen Ersatzbaustoffen in erheblichem Umfang dazu bei, natürlichen Rohstoffverbrauch zu minimieren, den Bedarf von Deponieflächen zu reduzieren und die Kreislaufwirtschaft sowie den Klimaschutz zu fördern. Darum sollten bei Bauvorhaben Erzeugnisse bevorzugt werden, die aus Abfällen hergestellt sind, sofern diese für den vorgesehenen Verwendungszweck geeignet sind. Die rechtliche Grundlage dafür bildet u. a. das Kreislaufwirtschaftsgesetz.

# 5.4

Rückbau und
Wiederverwendung

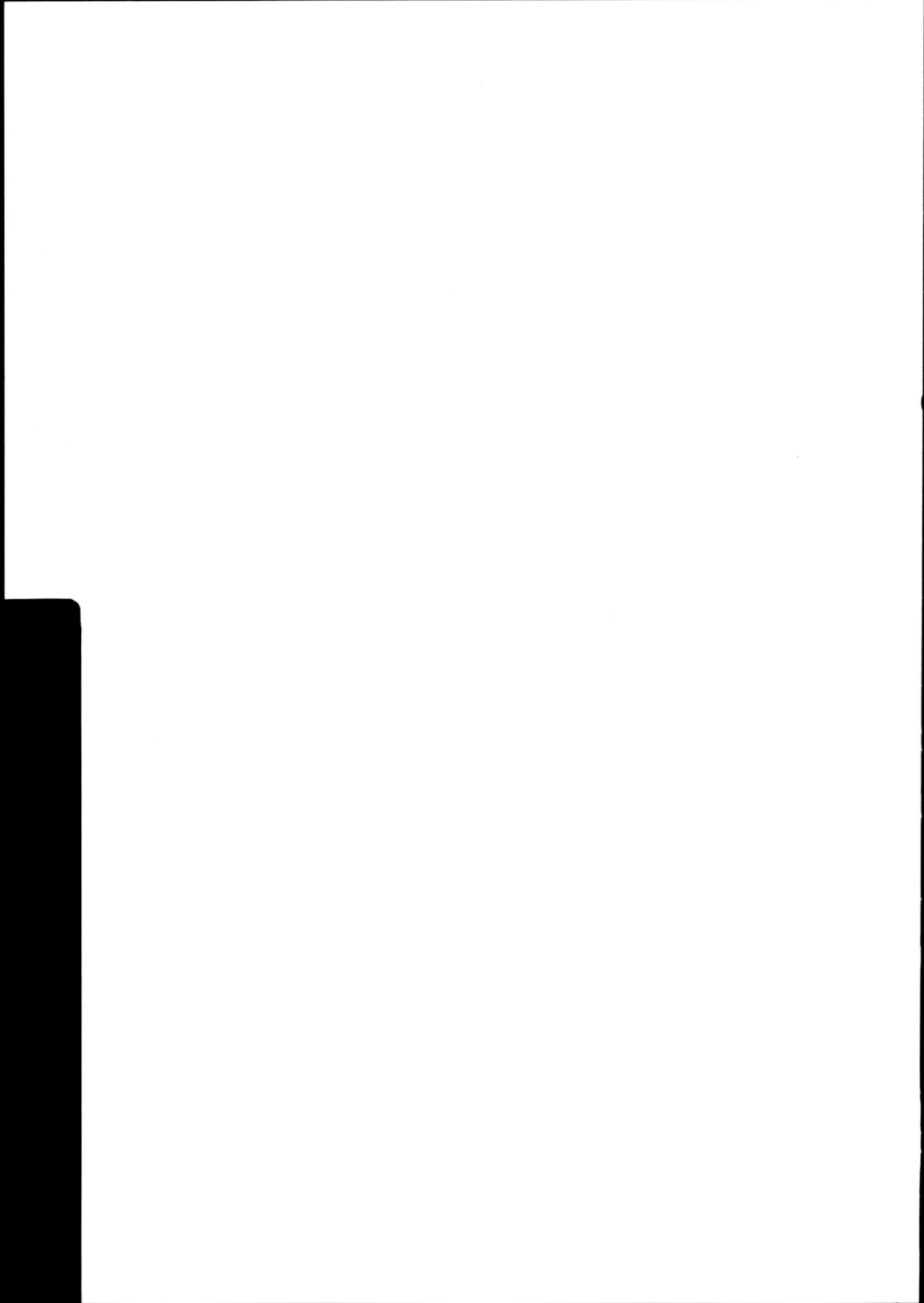

# 6 Best Practice Beispiele

**Autoren**
Thomas Fehn (6.1.1)
Mario Linnemann (6.2.1)

**Inhaltsverzeichnis**

**6.0 Best Practice Beispiele**

**6.1 Aufbereitung**
6.1.1 Forschungsprojekt „Inno-Teer"

**6.2 Recycling und Einbau**
6.2.1 Kaltrecycling mit Schaumbitumen

## Best Practice Beispiele

# 6 Best Practice-Beispiele

## 6.1 Aufbereitung

### 6.1.1 Forschungsprojekt „Inno-Teer"

**Ein neuartiges Verfahren für die dezentrale Dekontamination von teerhaltigem Straßenaufbruch**

Bis in die 1980er-Jahre wurden in der Bundesrepublik Deutschland teer- und pechhaltige Bindemittel im Straßenbau eingesetzt. Aufgrund ihrer gesundheitsschädlichen und mitunter krebserregenden Bestandteile, den sog. polyzyklischen aromatischen Kohlenwasserstoffen (PAK) wurde der Einsatz 1984 in der EU verboten.[1] PAK sind nur gering wasserlöslich und weisen aufgrund ihrer Kettenlänge unterschiedliche Siedepunkte auf.

---

[1] Begriffsbestimmungen. Köln: Forschungsgesellschaft für Straßen- und Verkehrswesen, 2000–2003. FGSV. 220; 924. ISBN 3-937356-10-X. und Peter Kurth/Felix Pakleppa/Dieter Babiel/Marco Bokies: Gemeinsame Verbändeposition zur kritischen Entsorgungssituation für teer-/pechhaltigen Straßenaufbruch [online], 09.10.2019. [Zugriff am: 01.07.2023]. Verfügbar unter: https://www.bde.de/presse/kritische-entsorgungssituation-fuer-teerhaltigen-strassenaufbruch/.

# 6.1.1

**Forschungsprojekt „Inno-Teer"**

Dies hat Folgen für die Temperatur und Energiemenge, die für eine Dekontamination erforderlich sind.[1]

*3 Mio. t Straßenaufbruch*

Beim Rückbau von Straßen aus der Zeit vor dem Verbot fallen jährlich deutschlandweit mehr als 3 Mio. t an Straßenaufbruch an.[2] Ein Großteil hiervon wird kostenintensiv auf Deponien verbracht, wodurch knapper Deponieraum blockiert wird und wertvolle Ressourcen verloren gehen. Zum jetzigen Zeitpunkt existieren lediglich zwei Behandlungsanlagen in Europa für teerhaltigen Straßenaufbruch in den Niederladen. Dort wird das Material bei Temperaturen von über 850 bis 1.000 °C verbrannt[3].

Die hohe Temperatur kann sich negativ auf die Schlag- und Druckfestigkeit der Gesteinskörnung auswirken. In der Folge kann das Material nicht oder nur eingeschränkt für die oberen Tragschichten im Straßenbau oder anderen Hochbauanwendungen eingesetzt werden. In einem allgemeinen bundesweiten Rundschreiben vom Bundesministerium für Verkehr und digitale Infrastruktur wurde darüber entschieden, dass ab dem

---

[1] Umweltbundesamt. Polyzyklische Aromatische Kohlenwasserstoffe – Umweltschädlich! Giftig! Unvermeidbar? [online], 01.2016. 1 Juli 2023 [Zugriff am: 1. Juli 2023]. Verfügbar unter: https://www.umweltbundesamt.de/publikationen/polyzyklische-aromatische-kohlenwasserstoffe und Umwelt Bundesamt. Emissionsentwicklung 1990–2021 für persistente organische Schadstoffe [online]. [Zugriff am: 01.07.2023]. Verfügbar unter: https://www.umweltbundesamt.de/sites/default/files/medien/361/dokumente/2023_01_26_em_entwicklung_in_d_trendtabelle_pop_v1.0.xlsx.

[2] Bundesministerium für Verkehr und digitale Infrastruktur. Allgemeines Rundschreiben Straßenbau Nr. 16/2015, 11.09.2015.

[3] Reko Recycling Kombinatie. Der Reinigungsprozess von teerhaltigem Asphalt – Reko Recycling Kombinatie [online]. 20 April 2022 [Zugriff am: 02.07.2023]. Verfügbar unter: https://www.rekobv.eu/de/der-teerhaltigem-asphalt-reinigungsprozess/.

01.01.2018 ein Wiedereinbau von teerhaltigem Straßenaufbruch in Bundesfernstraßen (Autobahnen) nicht mehr zulässig ist.[1] Dies bedeutet, dass anfallender Straßenaufbruch thermisch verwertet oder auf Deponien zur Endentsorgung verbracht werden muss. Somit ist der Bedarf an zusätzlichen, alternativen Behandlungskapazitäten für teerhaltigen Straßenaufbruch in der Bundesrepublik aktuell sehr groß.

Das Fraunhofer-Institut für Umwelt-, Sicherheits- und Energietechnik UMSICHT entwickelt im mit Fraunhofer Eigenmitteln finanzierten Projekt „INNO-TEER" ein schonendes Dekontaminationsverfahren bei Temperaturen bis maximal 550 °C. Ziel ist es, PAK-haltige Bindemittel aus dem Gestein zu entfernen, ohne die Druckfestigkeit zu beeinträchtigen. Hierzu wird eine Kombination von Pyrolyse im Unterdruck und gezielter Luftzugabe zur Oxidation der PAK genutzt. „Inno-Teer" startete am 01.04.2022 mit einem Projektvolumen von 3,5 Mio. Euro. Innerhalb der Laufzeit von drei Jahren wird eine Pilotanlage konstruiert und in Betrieb genommen, welche, je nach Korngröße des Aufgabeguts, bis zu 500 kg/h an teerhaltigem Straßenaufbruch dekontaminieren kann.

Entsorgungspflichtiger Straßenaufbruch ➤ Fraunhofer Logistikkonzept ➤ Fraunhofer Baustoffanwendungen ➤ neue Straßen

Fraunhofer online Analytik und Entsorgung → Fraunhofer thermochemische Dekontamination → sauberes Gestein

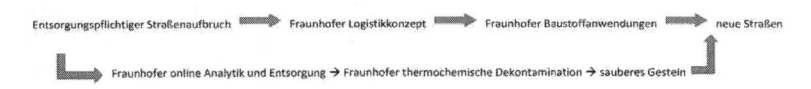

*Abb. 6.1.1-1: Schematischer Projektverlauf zur schonenden Dekontamination von teerhaltigem Straßenaufbruch (Quelle: Fraunhofer UMSICHT)*

---

[1] Deutsche Gesellschaft für Abfallwirtschaft e. V. Verwertung von teerhaltigem Straßenaufbruch [online], 02.03.2021. [Zugriff am 01.07.2023, 12:00]. Verfügbar unter: https://dgaw.de/fileadmin/Presse_und_Stellungnahmen/2021_03_02_-DGAW_Positionspapier_Teerhaltiger_Strassenaufbruch_final1.pdf.

## 6.1.1

Seite 4

Forschungsprojekt „Inno-Teer"

### Ergebnisse der Vorversuche

In Vorversuchen bei Fraunhofer konnte bereits wiederholt nachgewiesen werden, dass durch die Behandlung von teerhaltigem Straßenaufbruch mit Pyrolyse und gepulster Oxidation PAK-Gehalte unterhalb des Richtwerts von 25 mg/kg zuverlässig eingehalten werden können. Die Abbildung zeigt den Einfluss variierender Prozessparameter auf den PAK-Gehalt von teerhaltigem Straßenaufbruch, der mit dieser Methode behandelt wurde.

*PAK-Gehalt von teerhaltigem Straßenaufbruch*

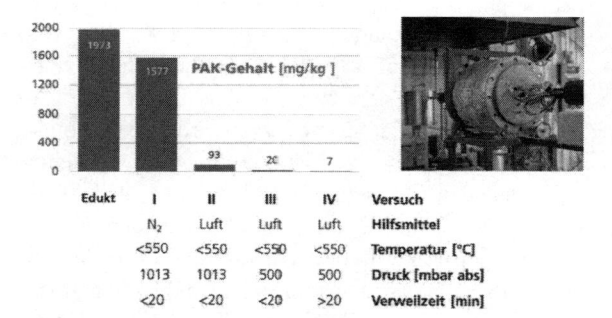

| Versuch | Edukt | I | II | III | IV |
|---|---|---|---|---|---|
| PAK-Gehalt [mg/kg] | 1973 | 1577 | 93 | 20 | 7 |
| Hilfsmittel | | $N_2$ | Luft | Luft | Luft |
| Temperatur [°C] | | <550 | <550 | <550 | <550 |
| Druck [mbar abs] | | 1013 | 1013 | 500 | 500 |
| Verweilzeit [min] | | <20 | <20 | <20 | >20 |

Abb. 6.1.1-2: Einfluss der gepulsten Oxidation auf den PAK-Gehalt von teerhaltigem Straßenaufbruch (Quelle: Fraunhofer UMSICHT)

Die Versuche zeigen, dass eine herkömmliche Pyrolyse in Stickstoffatmosphäre bei Umgebungsdruck nur einen geringen Einfluss auf den PAK-Gehalt hat (ca. 1.600 ppm). Wird der Druck im Reaktor auf ca. 500 mbar abs. abgesenkt, reduziert sich der PAK-Gehalt deutlich um den Faktor 17 auf rund 100 ppm. Dies resultiert aus den durch den Unterdruck herabgesetzten Siedepunkt der enthaltenen PAK. Um den Richtwert von 25 mg/kg erreichen zu können, wird zusätzlich kontrolliert ein Oxidationsmittel wie bspw. Luft hinzugegeben. Durch das zusätzliche „Cracking" wird der Richtwert unterschritten. Bei weiterer Erhöhung der Verweilzeit reduziert sich der PAK-Gehalt bis unter die Nachweisgrenze. Ein weiterer Kennwert für die schonende Dekontamination ist der Los-Angeles-Koeffizient (Zertrümmerungswiderstand). Dieser ist entscheidend für den Wiedereinsatz des behandelten Materials in Anwendungen in höchster Güteklasse.

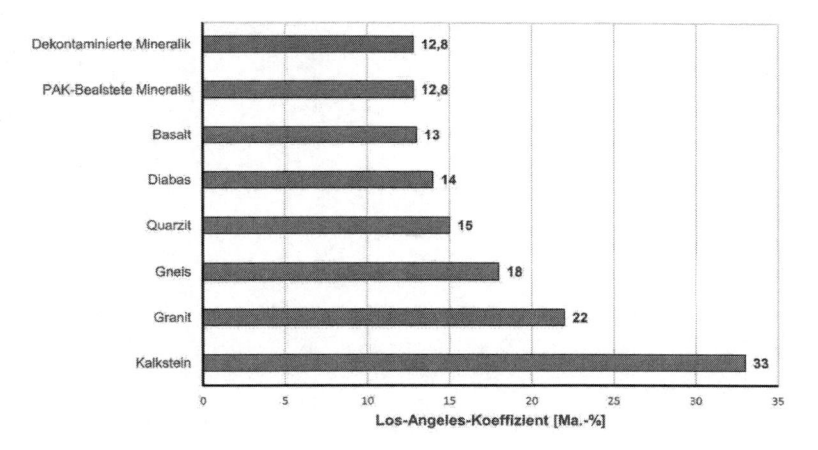

| Material | Los-Angeles-Koeffizient [Ma.-%] |
|---|---|
| Dekontaminierte Mineralik | 12,8 |
| PAK-Bealstete Mineralik | 12,8 |
| Basalt | 13 |
| Diabas | 14 |
| Quarzit | 15 |
| Gneis | 18 |
| Granit | 22 |
| Kalkstein | 33 |

Abb. 6.1.1-3: *Einfluss der gepulsten Oxidation auf den Zertrümmerungswiderstand von teerhaltigem Straßenaufbruch (Quelle: Fraunhofer UMSICHT)*

Die Abbildung zeigt den Zertrümmerungswiderstand (12,5 M.-%) der behandelten Mineralik im direkten Vergleich mit dem Einsatzmaterial und anderen Gesteinen. Im Vergleich zwischen der dekontaminierten und der ursprünglichen Mineralik zeigt sich, dass keine Unterschiede im Zertrümmerungswiderstand bestehen.

*Zertrümmerungswiderstand*

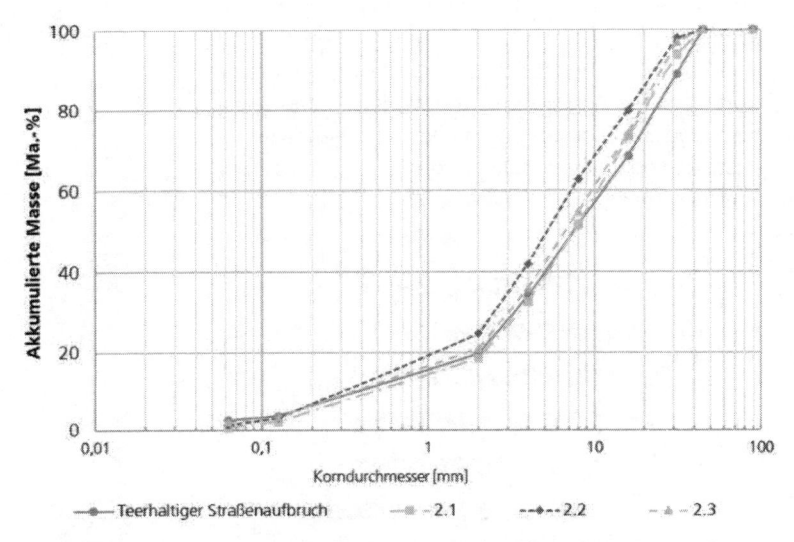

Abb. 6.1.1-4: *Einfluss der gepulsten Oxidation auf partikuläre Eigenschaften von teerhaltigem Straßenaufbruch (Quelle: Fraunhofer UMSICHT)*

Ebenfalls konnte kein Einfluss des Prozesses auf die partikulären Eigenschaften (siehe Abb.) festgestellt werden. Die Kennwerte der Verteilungssummenfunktionen $Q_3(x_{3,18}/x_{3,50}/x_{3,84})$ zeigen nur geringfügige Unterschiede zwischen dem Ausgangsmaterial und dem dekontaminierten Material. Während der Behandlungsdauer findet keine bzw. nur eine vernachlässigbare Nachzerkleinerung statt. Insgesamt konnte also gezeigt werden, dass der Prozess keinen negativen Einfluss auf die morphologischen bzw. werkstofftechnischen Eigenschaften der Mineralik hat. So kann die rückgewonnene Mineralik erneut als Sekundärrohstoff für hochwertige Anwendungen genutzt werden.

## Demonstrationsanlage

Aktuell wird bei Fraunhofer UMSICHT die Anlagentechnik im Pilotmaßstab (500 kg/h) aufgebaut. Im ersten Schritt des Behandlungsprozesses wird der PAK-haltige Straßenaufbruch über ein Becherwerk mit Materialschleuse in einen gasdichten Pyrolyse-Drehrohrofen transportiert, welcher die erste Stufe des Behandlungsverfahrens darstellt. Hier wird das Einsatzmaterial in einer sauerstofffreien Atmosphäre auf ca. 550 °C erhitzt. Die hierfür nötige Wärmeenergie wird über einen außen liegenden Mantel eingebracht, welcher mit heißem Rauchgas umströmt wird. Dieses wird zu Beginn, beim ersten Beheizen der Anlage, über die Verbrennung von Erdgas bereitgestellt.

Nach dem Erreichen des erforderlichen Temperaturniveaus wird das Erdgas durch Produktgas aus der Dekontamination substituiert. In der ersten Verfahrensstufe werden kurzkettige PAK-Verbindungen aus dem Einsatzmaterial aufgrund ihrer niedrigeren Siedetemperaturen zersetzt bzw. in die Gasphase überführt. Da hier Temperaturen unterhalb des Punkts des Quarzsprungs liegen, wird das Gesteinsmaterial in seiner Festigkeit nicht beeinträchtigt. Durch die Rotation des Reaktors wird eine ausreichende Durchmischung des Förderguts sichergestellt. Die Abbildung zeigt eine Ansicht der beschriebenen Dekontaminationsanlage.

*Erreichen des erforderlichen Temperaturniveaus*

## 6.1.1

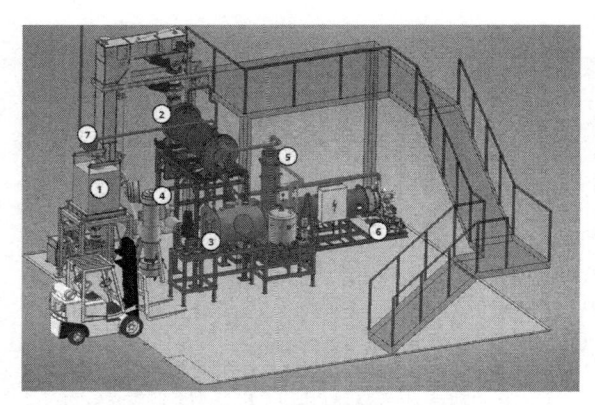

Forschungsprojekt „Inno-Teer"

*Abb. 6.1.1-5: 3-D-Ansicht der Dekontaminationsanlage für teerhaltigen Straßenaufbruch: (1) Zufuhrsystem, (2) Drehrohrofen, (3) Dekontaminationseinheit, (4) Entstaubung, (5) Kühler, (6) Brennkammer, (7) Rauchgasstrecke (Quelle: Fraunhofer UMSICHT)*

*Vollständige Dekontamination*

Zur vollständigen Dekontamination wird die zweite Verfahrensstufe genutzt: Das heiße Gestein wird aus dem Drehrohrofen in eine zweite Reaktorkammer überführt. Durch den darin herrschenden Unterdruck wird der Siedepunkt der PAK-Verbindungen herabgesetzt, sodass bei gleichbleibender Reaktortemperatur nun die Zersetzung von langkettigen Kohlenwasserstoffen erfolgt. Durch die gezielte Zugabe von Oxidationsmitteln (z. B. Luft) in der zweiten Reaktionszone wird sichergestellt, dass das Gestein nun vollständig dekontaminiert wird. Nach der zweiten Reaktionszone wird das heiße Gestein aus dem System über eine Materialschleuse ausgetragen und kann nach dem Abkühlen als Sekundärrohstoff wiederverwertet werden.

Die beim Dekontaminationsprozess entstehenden Dämpfe werden von Staubpartikeln gereinigt und in ein Kühlsystem weitergeleitet. Hier werden die kondensierbaren Bestandteile des Dampfes als Flüssigphase abgetrennt. Anschließend wird das verbleibende Gas in

## 6.1.1
Forschungsprojekt „Inno-Teer"

einer Hochtemperatur-Brennkammer bei ca. 1.200 °C abgefackelt. Dieser Schritt dient neben der Bereitstellung des Heißgases für die Beheizung der Anlage auch als zusätzliche Sicherheitsstufe. Etwaige vorhandene Reststoffe, welche in der vorherigen Behandlungsstufen nur in die Gasphase übergegangen sind und nicht vollständig zersetzt wurden, werden in dieser Stufe vollständig verbrannt. Das verbleibende Abgas kann über einen Kamin an die Umgebungsluft abgegeben werden.

Die „Inno-Teer"-Pilotanlage wird an einem Außenstandort von Fraunhofer UMSICHT in Sulzbach-Rosenberg aufgebaut und in Betrieb genommen. Die Inbetriebnahme der Gesamtanlage erfolgt Anfang 2024. Ziel ist es, einen stabilen Betrieb des Dekontaminationsprozesses von 24/7 nachzuweisen. Hierdurch sollen Daten zu den Dekontaminationsergebnissen, den werkstofftechnischen Eigenschaften der Mineralik, dem Energieverbrauch, Emissionen und Prozessparametern des Verfahrens ermittelt werden. Ende 2024 soll in Zusammenarbeit mit einem industriellen Anlagenbauer ein erstes Up-Scaling für eine Demonstrationsanlage in einem 20-t/h-Maßstab erfolgen.

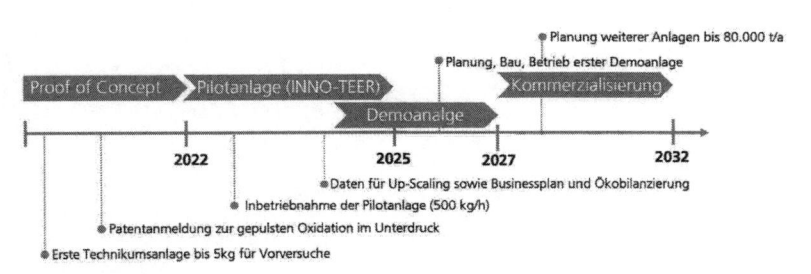

Abb. 6.1.1-6: Roadmap zur Verwertung der beschriebenen „Inno-Teer"-Technologie (Quelle: Fraunhofer UMSICHT)

Zusätzlich beschäftigen sich im Rahmen des Forschungsvorhabens die Fraunhofer-Institute IML, IOSB und IBP mit der logistischen Betrachtung einer solchen Technologie am Standort Deutschland, mit einer Sortiertechnik zur Separation von PAK-belastetem Material und der Ökobilanzierung des Gesamtprozesses. Durch den Fraunhofer-Verbund soll es gelingen, teerhaltige Materialien unter den geforderten ökologischen und ökonomischen Rahmenbedingungen aufzubereiten und den Stoffkreislauf von teerhaltigem Straßenaufbruch vollständig schließen zu können.

## 6.2 Recycling und Einbau

### 6.2.1 Kaltrecycling mit Schaumbitumen

Eine in ihrer Effizienz einzigartige Bauweise sorgt weltweit für die wirtschaftliche und umweltfreundliche Sanierung von Straßen – und erfüllt dabei heute schon die Anforderungen von morgen. Die vollständige Wiederverwertung des Ausbaumaterials sowie dessen kosteneffektive Aufbereitung zählen zu den Ressourcen schonenden und besonders wirtschaftlichen Verfahren im Straßenbau.

In der Praxis wird beim Kaltrecycling zwischen zwei Bauweisen unterschieden, die mit verschiedenen Baumaschinen ausgeführt werden:

#### Kaltrecycling in situ (an Ort und Stelle)

Moderne Kaltrecycler, ausgestattet mit einem Fräs- und Mischrotor, bauen die sanierungsbedürftigen Belagsschichten aus, granulieren den Ausbauasphalt und bereiten ihn mit Bindemitteln auf. Der Materialausbau erfolgt dabei im Downcut-Verfahren. Während die Fräswalze beim bisher gängigen Upcut im Gegenlauf rotiert, läuft sie beim Downcut im Gleichlauf. Durch das Downcut-Verfahren ist bei der Aufbereitung des Materials – gerade von sehr brüchigen, alten Asphaltstraßen – eine präzise Stückgrößenkontrolle möglich. Der gesamte Prozess geschieht in einem einzigen Übergang.

*Downcut-Verfahren*

Der Recycler lädt das Material per Heckverladung („Rear Load") an einen dahinter fahrenden Straßenfertiger, der das Material direkt einbaut.

*Abb. 6.2.1-1: Downcut-Verfahren. Der Fräs- und Mischrotor arbeitet im Gleichlauf. Das Verfahren erzielt eine kontrollierte Stückgröße und vermeidet das Ausbrechen größerer Schollen. (Quelle: Wirtgen GmbH)*

### Kaltrecycling in plant (in der Anlage)

Der beschädigte Fahrbahnbelag wird mit einer Kaltfräse abgetragen und zu einer mobilen Kaltrecycling-Mischanlage in unmittelbarer Nähe der Baustelle transportiert.

Hier erfolgt die Übergabe des Fräsguts an den Doseur. Frässchollen und Stückgrößen > 45 mm werden abgesiebt, das Material verwogen und anschließend in einem Doppelwellenzwangsmischer mit Zement und Bitumen vermischt. Anschließend wird das kalte Mischgut mithilfe eines Asphaltfertigers eingebaut. Bei Bedarf kann das Mischgut auch vorproduziert und über einen längeren Zeitraum gelagert werden.

### Wirtschaftliches und umweltfreundliches Verfahren

Mit dem Kaltrecycling-Verfahren können Straßenbaustoffe ohne thermische Behandlung (kalt) aufbereitet werden. Sowohl die gebundenen als auch Teile der ungebundenen Schichten werden zu 100 % wiederverwendet. Die Aufbereitung erfolgt mit modernster Maschinentechnik. Das Asphaltfräsgut wird mit Bindemitteln zu einem homogenen Gemisch aufbereitet. Wasserzugabe sorgt für die notwendige Feuchtigkeit während der Verdichtung. Die Eigenschaften der entstehenden Tragschicht hängen im Wesentlichen von den eingesetzten Bindemitteln (Zement oder Bitumen) ab. Der Zement wird mit Bindemittel-Streufahrzeugen vorgelegt. Wasser, Bitumenemulsion oder Schaumbitumen werden über Einsprühleisten in den Mischraum eingedüst. Mikroprozessoren übernehmen die exakte Regelung der Zugabemenge.

*100%ige Wiederverwertung der Straßenschichten*

**Vorteile des Kaltrecycling-Verfahrens:**

- **Umweltfreundlich**

  Das vorhandene Material wird zu 100 % recycelt und der Anteil an neuen Materialien minimiert. Als Resultat reduzieren sich die Transportkosten drastisch. Gleiches gilt für die durch Transportfahrzeuge verursachten $CO_2$-Emissionen und Schäden auf den Straßen. Der Energiebedarf des Recyclings ist deutlich geringer als bei allen anderen Sanierungsoptionen.

- **Qualität der Recyclingschicht**

  Durch moderne Recycler wird ein einheitliches, qualitativ hochwertiges Gemisch der vorhandenen Materialien mit Wasser und Bindemitteln erreicht. Das Ergebnis ist eine extreme Dauerhaftigkeit der Schichten.

## 6.2.1 Kaltrecycling mit Schaumbitumen

- **Kürzere Bauzeiten**

  Recycler erbringen eine hohe Tagesleistung, welche die Bauzeit im Vergleich zu den meisten Sanierungsmethoden deutlich verkürzt. Kürzere Bauzeiten reduzieren die Projektkosten. Auch der Straßenbenutzer profitiert davon, weil der Verkehr nur für kurze Zeit beeinträchtigt wird.

- **Sicherheit**

  Einer der großen Vorteile des Recyclingprozesses ist der hohe Grad an Verkehrssicherheit. Auf zweispurigen Straßen erfolgt das Recycling üblicherweise auf der Breite einer Fahrbahn, während der Verkehr einspurig auf der anderen Fahrbahn an der Baustelle vorbeigeführt werden kann. Außerhalb der Arbeitszeiten steht üblicherweise die gesamte Straßenbreite inklusive der komplett recycelten Fahrbahn zur Verfügung.

- **Wirtschaftlichkeit**

  Die oben genannten Vorteile machen das Kaltrecycling zu einem attraktiven Prozess der Fahrbahnsanierung im Hinblick auf die Wirtschaftlichkeit.

*Energieeinsparpotenzial bei der Materialaufbereitung*

Für Straßen, die im Kaltrecycling-Verfahren instand gesetzt werden, gelten im Hinblick auf die Nutzungsdauer die gleichen Anforderungen wie für Straßen, die nach konventionellen Verfahren dimensioniert und gebaut werden. Positive Nebeneffekte der Kaltrecycling-Bauweise sind das große Energieeinsparpotenzial bei der Materialaufbereitung (10–12 l Kraftstoff pro Tonne), weil die Baustoffe nicht erhitzt werden müssen, und das enorme $CO_2$-Einsparpotenzial durch den Wegfall des Materialtransports.

**6.2.1**

Kaltrecycling mit Schaumbitumen

Die Grafik zeigt den direkten Vergleich zwischen der konventionellen Erneuerung des gebundenen Asphaltoberbaus und dem Kaltrecycling-Verfahren:

**Gegenüberstellung der $CO_2$-Bilanzierung beider Verfahren**

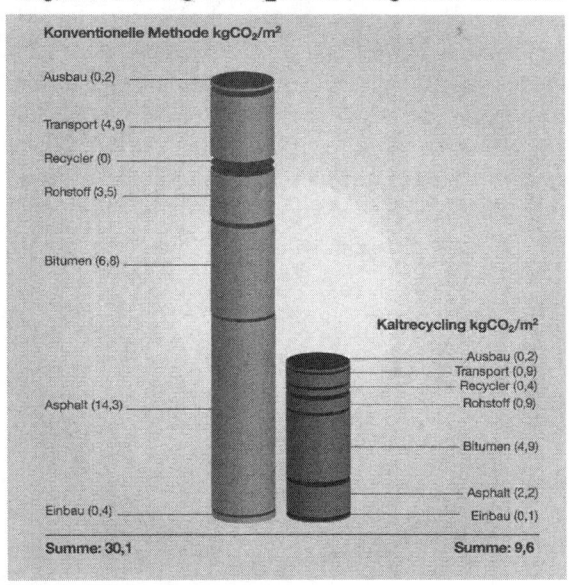

Konventionelle Methode $kgCO_2/m^2$
- Ausbau (0,2)
- Transport (4,9)
- Recycler (0)
- Rohstoff (3,5)
- Bitumen (6,8)
- Asphalt (14,3)
- Einbau (0,4)
- **Summe: 30,1**

Kaltrecycling $kgCO_2/m^2$
- Ausbau (0,2)
- Transport (0,9)
- Recycler (0,4)
- Rohstoff (0,9)
- Bitumen (4,9)
- Asphalt (2,2)
- Einbau (0,1)
- **Summe: 9,6**

*Abb. 6.2.1-2: $CO_2$-Bilanz: Gegenüberstellung konventionelle Instandsetzung und Recyclingverfahren (Quelle: Wirtgen GmbH)*

## Kaltrecycling mit Schaumbitumen

Kaltrecycling mit dem Bindemittel Schaumbitumen ist ein weltweit etabliertes Verfahren, das immer mehr in den Fokus von Straßenbaubehörden und Bauunternehmen für die Sanierung von Straßen rückt. In zahlreichen Ländern rund um den Globus wurden bereits mehr als 100 Mio. m² mit Schaumbitumen recycelt. Insbesondere dort, wo Straßenaufbauten hohen Verkehrsbelastungen

## 6.2.1 Kaltrecycling mit Schaumbitumen

ausgesetzt sind oder eine besonders wirtschaftliche und nachhaltige Bauweise gefordert ist, wird das Verfahren bevorzugt angewendet.

Schaumbitumen ermöglicht die Herstellung von flexiblen und dauerhaften Schichten. Diese bilden im Straßenoberbau die Grundlage für den abschließenden Asphaltüberbau mit reduzierter Schichtdicke. Schaumbitumen wird mithilfe modernster Technik aus ca. 175 °C heißem Normalbitumen erzeugt. Die Herstellung sowie die Zugabe des Schaumbitumens in ein Mineralstoffgemisch erfolgen innerhalb des Recyclers exakt über mikroprozessorgesteuerte Einsprühanlagen.

# 6.2.1

Kaltrecycling mit
Schaumbitumen

*Abb. 6.2.1-3: Zugabe von Schaumbitumen und Wasser in ein Mineralgemisch über separate Einsprühanlagen.*
*(Quelle: Wirtgen GmbH)*

Schaumbitumen entsteht durch das Eindüsen geringer Mengen Wasser sowie Luft unter hohem Druck in erhitztes Bitumen. Das Wasser verdampft daraufhin und lässt das Bitumen schlagartig auf das 15- bis 20-Fache seines Volumens aufschäumen. Durch den Aufschäumprozess wird die Viskosität des Bitumens stark herabgesetzt. Aufgrund seines stark vergrößerten Volumens und der hohen Oberfläche lässt sich das Schaumbitumen, das direkt über Einsprühdüsen einem Mischer zugegeben wird, gleichmäßig in kalte und feuchte granulierte Baustoffe einmischen.

*Einsprühen des Schaumbitumens*

## 6.2.1 Kaltrecycling mit Schaumbitumen

Die Qualität des Schaumbitumens wird v. a. durch die Parameter „Expansion" und „Halbwertszeit" beschrieben. Denn je größer die Expansion und je höher die Halbwertszeit, desto besser lässt sich Schaumbitumen verarbeiten.

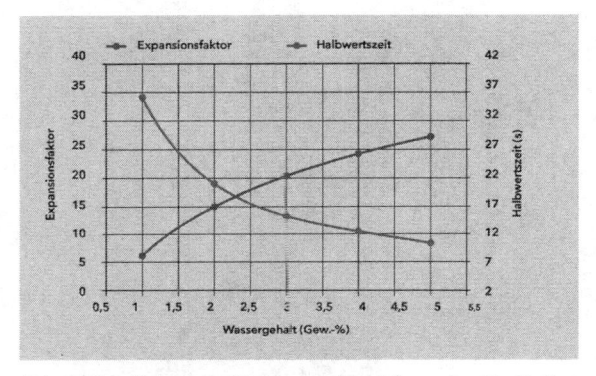

*Abb. 6.2.1-4: Verlauf von Halbwertszeit und Expansion für die Festlegung des Wassergehalts (Quelle: Wirtgen GmbH)*

Mit Schaumbitumen hergestellte Kaltmischgüter verhalten sich so wie Baustoffe mit konstanter innerer Reibung der Partikel zueinander (Mineralgemische), jedoch mit sprunghaft erhöhter Kohäsion (Bindekraft) und Festigkeit. Dieses Material wird auch als BSM (bitumenstabilisiertes Material) bezeichnet. Bei BSM-Mischgut ist keine Umhüllung der Körnung, sondern ein homogenes Einmischen des Bitumens vorgesehen – i. d. R. 1,5 bis 2,5 M.-% des Baustoffgemisches. In der Anwendung zeichnet sich das Mischgut durch seine einfache Verarbeitung aus. In ausreichend feuchtem Zustand steht es längere Zeit für die anschließenden Verdichtungsmaßnahmen zur Verfügung. Dabei zeichnet sich dieser Baustoff durch gute flexible Eigenschaften mit hoher Tragfähigkeit aus.

**6.2.1 Kaltrecycling mit Schaumbitumen**

BSM-recycelte Fahrbahnen können darüber hinaus unmittelbar nach Fertigstellung temporär für den Verkehr freigegeben werden, da die Versiegelung der recycelten Schicht nicht nur direkt im Anschluss, sondern auch einige Zeit später erfolgen kann. Damit gewinnt der Bauablauf der verschiedenen Gewerke deutlich an Flexibilität.

### Vorteile des Schaumbitumens

- **Verfügbarkeit**

  Bitumen ist weltweit verbreitet und kann direkt, ohne zusätzliche Aufbereitung verwendet werden.

- **Einsatzmöglichkeiten**

  Grundsätzlich lassen sich alle ungebundenen Baustoffe – auch Asphaltfräsgut – mit Schaumbitumen verarbeiten.

- **Ressourcen- und Zeitersparnis**

  Aufgrund des geringen Bindemittelbedarfs, der Verwendung von Asphaltfräsgut und der hohen Zeitersparnis ist diese Bauweise hinsichtlich der Herstellungskosten besonders wirtschaftlich.

- **Tragfähigkeit**

  Mischgüter mit Schaumbitumen bilden einen Baustoff, der extremen Anforderungen gewachsen ist.

- **Wirtschaftlichkeit**

  Instandhaltungskosten sind äußerst gering, da BSM-Schichten nicht – wie beim Alterungsverhalten gewöhnlicher Asphaltschichten bekannt – zur Rissbildung tendieren. Bei Bedarf muss nur die obere,

## 6.2.1 Kaltrecycling mit Schaumbitumen

dünne Asphaltdeckschicht erneuert werden. Ein kostenintensiver Austausch des gesamten Asphaltpakets entfällt. Die Gesamtkosten werden zudem durch die Reduzierung der Schichtdicke des neuen Asphaltüberbaus signifikant gesenkt.

### Voruntersuchungen zur Bestimmung der Mischqualität

Um optimale Ergebnisse der Recyclingbaumaßnahme zu erzielen, bedarf es – neben der Beratung von Anwendungsexperten und Straßenbauingenieuren – im Vorfeld auch umfangreicher Untersuchungen des gesamten Straßenoberbaus und einer ausführlichen Eignungsprüfung des Mischguts mit Schaumbitumen. Fachlabore für den Straßenbau oder Forschungseinrichtungen setzen hierzu unterstützende Zusatzgeräte ein. So können z. B. durch Voruntersuchungen mit einer mobilen Laboranlage die Schaumbitumen-Qualität bereits vor Baubeginn im Baustofflabor exakt definiert und Parameter wie Wassermenge, Druck und Temperatur variiert werden. Ein Labormischer wiederum stellt zuverlässig verschiedene Mischgutrezepturen her, während ein speziell für die Kaltrecycling-Anwendung entwickeltes Verdichtungsverfahren mithilfe eines Laborverdichters die Herstellung von großen Probekörpern zur Durchführung von Triaxial-Tests sowie von kleineren Probekörpern für den Spaltzugfestigkeits-Test ermöglicht. Die Voruntersuchungen haben daher entscheidenden Einfluss auf das Ergebnis beim Kaltrecycling mit Schaumbitumen.

*Mobile Laboranlage*

## Hauptverkehrsadern werden nachhaltig instand gesetzt

Das Kaltrecycling kommt – unabhängig von dessen Ausprägung, ob in situ oder in plant – v. a. auf viel befahrenen und hoch belasteten Strecken zur Anwendung, wie auch das Beispiel Ayrton Senna Highway in Brasilien zeigt. Er zählt zu den am meisten frequentierten Straßen der Welt mit einem Verkehrsaufkommen von über 250.000 Fahrzeugen pro Tag und einem Schwerlastverkehrsanteil von mehr als 15 %. Bei der Sanierung wurde das zuvor gewonnene Fräsgut aus dem vorliegenden Asphaltpaket mit Schaumbitumen in einer Kaltmischanlage recycelt und zweilagig (20 cm + 10 cm) mit einem Straßenfertiger wieder eingebaut.

*Kaltrecycling auf vielbefahrenen Strecken*

Abschließend wurde diese Schicht mit einer nur 5,0 cm starken Asphaltdeckschicht überbaut. Die 2011 recycelten Abschnitte übertreffen bis heute die Erwartungen.

*Abb. 6.2.1-5: Bei dem „In plant"-Verfahren wird das Fräsgut in einer mobilen Kaltrecycling-Mischanlage von der Firma Wirtgen aufbereitet. Anschließend wird das Material von Straßenfertigern wieder eingebaut. (Quelle: Wirtgen GmbH)*

Auch die bereits 2003/2004 durchgeführten Kaltrecycling-Projekte mit Schaumbitumen in Griechenland auf den Autobahnen zwischen Iliki – Korinthos – Athen zeigen bereits seit mehr als zehn Jahren ihre Leistungsfähigkeit bei einem ebenfalls hohen Verkehrsaufkommen von 40.000 Fahrzeugen pro Tag und einem Anteil von 25 % Schwerlastfahrzeugen.

Die beiden Beispiele zeigen: Mit dem Verfahren werden auch stark frequentierte Verkehrswege langfristig erfolgreich instand gesetzt. Gleichzeitig wird in aktuellen Studien erforscht, wie das Kaltrecycling weiter optimiert werden kann. So haben Untersuchungen zu bitumenstabilisiertem Material in der jüngsten Vergangenheit bereits dazu geführt, die Voruntersuchungen in den Fachlaboren zur Bestimmung der Mischqualität hinsichtlich ihrer Zusammensetzung und Eignungsprüfung zu verbessern. Ziel war und ist es, die Spezifikationsanforderungen nicht nur zu erfüllen, sondern im Einklang von Kosten und Ergebnis zu übertreffen.

Unabhängig von künftigen Forschungsergebnissen ist das Kaltrecycling-Verfahren dank seiner vielfältigen Vorteile hinsichtlich Qualität, Wirtschaftlichkeit, Umweltfreundlichkeit und Sicherheit heute schon eine etablierte Alternative zu konventionellen Straßeninstandsetzungsmaßnahmen.